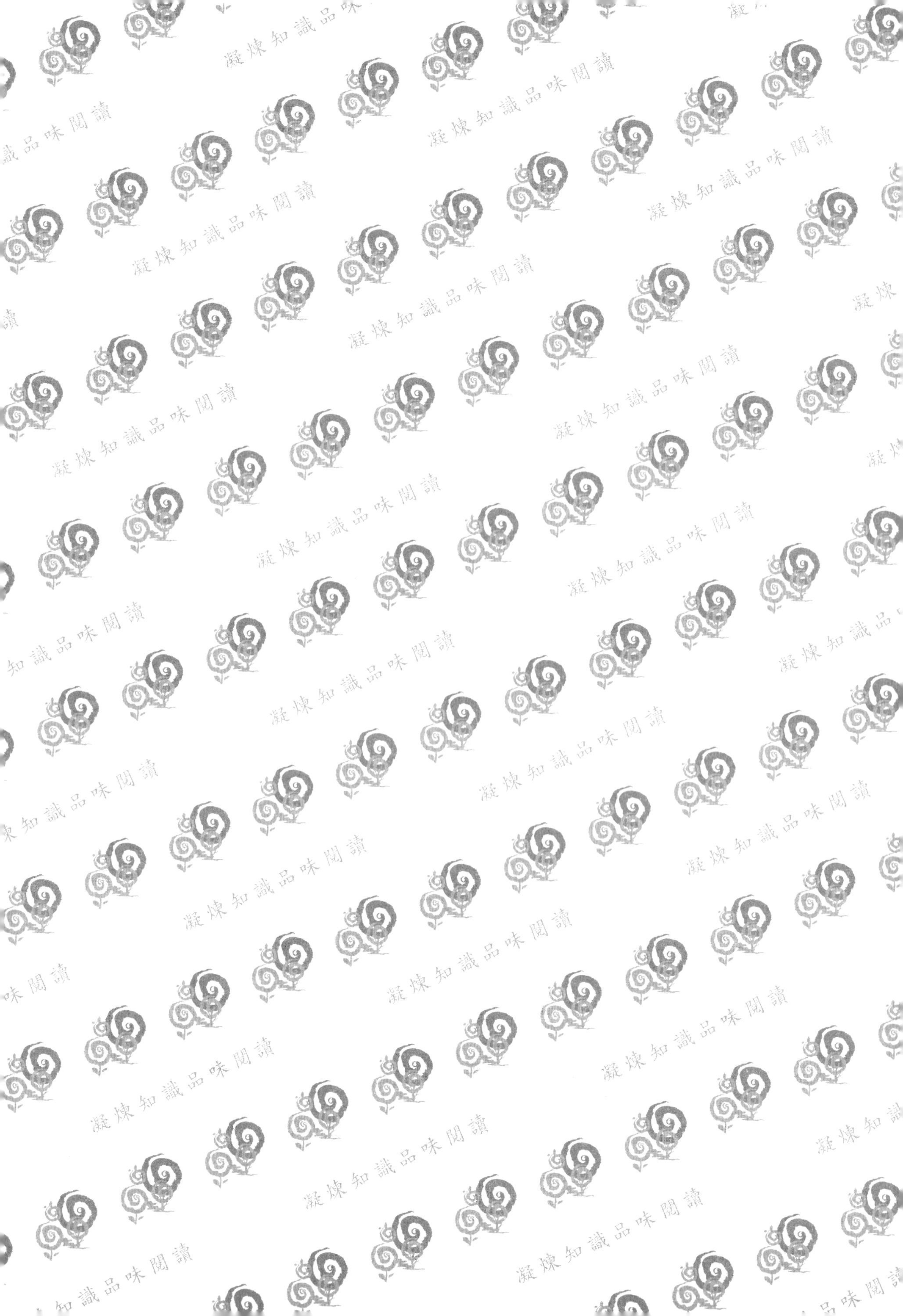
凝煉知識品味閱讀

食品工廠經營與管理

理論與實務

李錦楓　林志芳　李明清　顏文義　著

Principles and practices of food plant management

五南圖書出版公司 印行

序

近年來，專技高考食品技師考試的題目包羅萬象，觀看歷屆考題，其出題內容有品質管制、食品衛生、工廠安全、HACCP、GMP、ISO 9000、工廠經營及策略等，其範疇相當廣泛，使應考學生們不知從何下手研讀。筆者曾參加食品技師專技高考時，遍尋坊間書籍，找不到一本可供熟讀的食品工廠經營與管理的專業書，以供考試之用，只能參考相關的書籍應考，故有此念頭想編寫一本專為高考食品工廠管理所使用的書籍，以免學子疲於奔命。

本書是以李錦楓教授在台大食科所授課時講義為藍本，以及林慧生教授、顏文義教授講課內容、李明清老師授課內容為參考，配合相關的食品管制及工廠管理的書籍所編寫，內容採用條列式來敘述，重點整理，雖然不夠細膩詳細，但簡單明瞭，容易記憶，適合受過食品加工相關基礎教育的讀者使用，可花較少的時間，而得到預期的效果。

為了讓本書具有工具書的效益，除了將食品工廠經營管理有關理論做簡要的敘述之外，如何利用專案管理來設立一個新工廠，以及如何經營管理一個工廠所需的人力資源管理、設備管理、技術管理、品質管理及日常制度管理等章節都列入實務範例，讓讀者在有所需求時，可以馬上依照範例的內容格式依樣畫葫蘆，除了可擷取範例的優點外，更可以依照每個人的個別需求，在增刪加減之後，馬上成為一份可用的實務文件，不但協助讀者節省尋找資料的時間，對於初次涉獵的讀者來說，應該會有如獲至寶的感覺。所列的範例都是在食品業界實際使用過，而且值得分享的實例，儘管不同業界會有不同的需求，但絕大部分仍有共通之處，是不可多得的實務資料。

食品工廠管理的工作項目多而複雜，如何正確又有效率的領導員工與組織經營，應該是生產管理者所思考的問題，本書的章節不僅講述工廠管理的概念，也包含經營實務，是食品科學者在生產管理的基本事項，也提供食品工業界具體的經營技術，期望對讀者有所助益。

雖然極力整理各位老師的講義及編寫本書，祈能盡善盡美，恐仍有不逮之處，遺誤之處亦在所難免，懇請先進賢達不吝指正，不勝感激。

編著者識

目錄

序

第一章　食品工業趨勢　1

第三章　工廠組織與生產管理 63

第四章　生產管理與合理化 79

第一章 食品工業趨勢

第一節　產業現況

一、食品工業的產業範圍

1. 食品工業為食品產業之一環，上游為農業，下游為運銷業及餐飲業。
2. 食品工業產品種類繁多，可分為22種分業。
3. 廣義的食品工業包括食品機械、食品包裝材料與食品添加物工業。

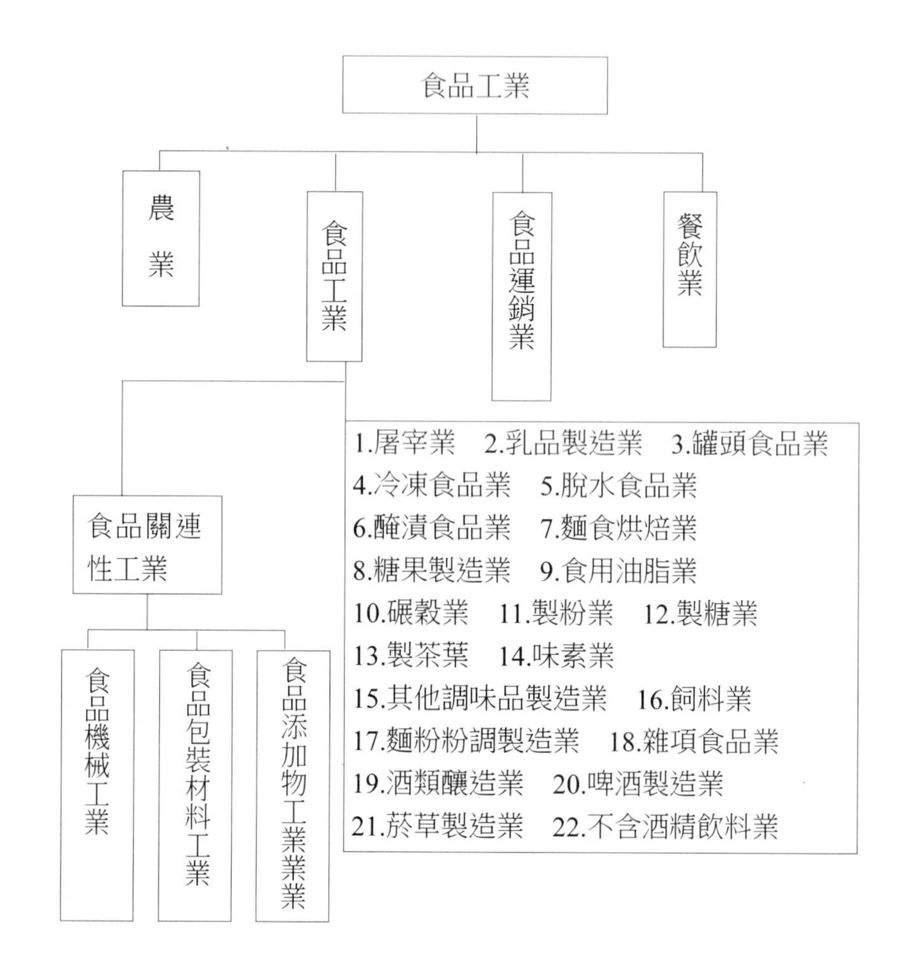

二、食品工業的特色

1. 民生必需工業。
2. 產品注重安全衛生。
3. 屬勞力密集產業，機械化程度低，工資低廉。
4. 市場以內銷為主。
5. 原材料占成本比重高。
6. 具地域性，原料供應具有季節性，大量性易腐敗。
7. 進入障礙不高。
8. 原料的依賴程度高，能源密集低，受影響低。
9. 產業種類多樣。
10. 中小企業為主，資本形成毛額低。

三、食品工業在製造業的地位

1. 食品工業產值仍高，於製造業排名第三，僅次於電力電子工業及化學材料工業。
2. 食品工業為民生工業之最大產業。
3. 食品工業為內需產業，出口比重不高。

四、食品工業的產業結構

1. 食品工業依產值規模比較，前六大分業為屠宰業、冷凍食品業、飼料業、碾穀業、不含酒精飲料業及雜項食品業。
2. 食品工業之主要分業仍屬農產原料初級加工型態之產業，未來結構改善空間仍很大。

五、近幾年來食品投資狀況

1. 近五年來累計國內投資（以投資抵減為指標）為海外投資之二倍。
2. 近五年來累計海外投資（含大陸）為外人來華投資之二倍以上，資本進出產生逆差情況。
3. 對大陸投資之每件金額逐年提高，即朝向大型化發展。

六、加工食品進口值比較

1. 進口值十年來持續成長。
2. 最近四年來出口值雖有成長，但未來成長空間不大。
3. 依國際化自由化趨勢，加工食品進出口值將產生逆轉，由出超國變為入超國。

七、食品工業對台灣經濟發展之貢獻

1. 賺取外匯：

   台灣經濟發展初期，食品工業賺取大量外匯，培植了其他工業，創造產業附加價值，也因此提高生產毛額，增加國民所得及福利。

2. 豐富物質供應，平衡貿易順差：

   (1) 經濟發展初期，經濟政策旨在賺取外匯時，食品工業正好肩負了此一使命。

   (2) 近年國際貿易順差加大，此時食品工業進口農產原料，不但豐富物質供應，促進了下游產業發展，還達到平衡貿易順差，疏解保護政策壓力，促進經濟均衡發展。

3. 增加農產品附加價值，提供農村就業機會：

   農業是食品工業的上游產業，食品工業的蓬勃發展，增加農產品的需求，使農業及農民受益。

八、食品科技重點一覽表

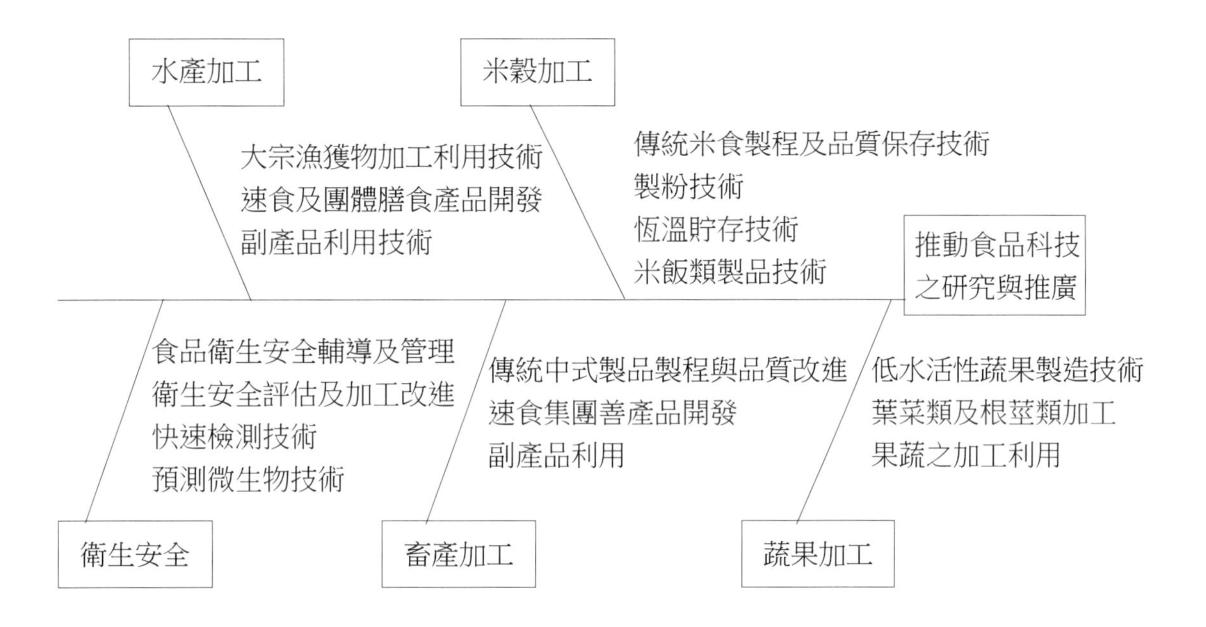

第二節　食品加工業結構的改變

一、工廠數量的改變

自50年代之後，在四十年間，美國食品工廠數量逐漸減少，從全國四萬二千家減少到一萬三千家，但是相對的，其他整體製造業的工廠數量卻增加很快，從全國十八萬家增加到二十八萬家。以各類食品工廠為例：啤酒、水果罐頭、麵粉廠與蜂蜜產業相對減少。台灣的醬油廠早期有三百多家後來減少至三十幾家。

但是也有廠家增加的產業：畜產品加工業、製酒業（台灣酒廠開放）、漁業冷凍及包裝，台灣則增加了許多酒廠。

二、產量與附加價值的增加

雖然工廠家數減少，但整體的食品製造業的產值與附加價值卻不斷逐漸增加，在上述同一時期當中，美國整體食品工廠的產值與附加價值成長了三倍，產業僱用的員工有些微減少，企業新投資則持續增加，這顯示科技進步與自動化，使許多本來是勞力密集的食品製造業，使用較少的人力就能有很大的產出。

例如：箱網養殖可說是養殖業明日之星，因其既可創造高經濟價值，又符合海洋資源永續利用之理念。如能配合引進尖端生物科技，將魚產品加工，提高其附加價值，便可開拓海外市場，帶動國內相關海洋科技與水產生物科技產業之發展。

1. 食品加工與食品科技扮演愈來愈吃重的角色：早期農業產品用途由多數直接用於鮮食逐漸轉為少數直接鮮銷鮮食、多數經加工調製後販賣。這類加工品可在鮮銷鮮食市場過剩的農產品變成可存放更久、可在更多地方銷售的產品，如此，生鮮農產品的價格不至降低、甚至價格提高，農產品及加工後的加工品因而附加價值提高。
2. 提高生產效率與良率降低成本：例如近幾年，無菌包裝技術蓬勃發展，快速包裝的無菌加工系統降低了成本，鋁箔包產品已是當今市場最流行的主流產品。
3. 科技對農產附加價值的影響：結合技術發展與消費趨勢，滿足與創造市場需求。食品科技提升食品加工業之農產品原料用量，提高加工食品以及農產品原料的附加價值。飲食費之變化是生鮮食品支出占全部飲食支出的大部分，但比率逐年遞減。加工品及在外飲食支出占全部飲食支出的小部分，但比率逐年遞增。使得加工品及在外飲食產品，對農民所得的貢獻愈來愈重要。科技注入，使加工食品更加發展，滿足消費者的需求。

三、集中度的改變

1. 銷售量集中度（Sales Concentration）：食品總銷售量中，前4、8、20、50大食品公司所占百分比。
2. 集中度與利潤有關：
   與其他非食品工業比較，食品業的集中性顯得較低。但是許多食品類別的加工製造業，前四大公司其銷售量集中度近年來都呈現上升的趨勢，例如，美國麵粉業的前四大公司其銷售量集中度由1982的40%增加到 2005年的63%，黃豆油提煉的前四大公司集中度由1982 的61%增加到2005年的80%。

不過反而有幾種食品業類別，因為市場看好而有新公司的設立，反而使這類例如罐頭與冷凍之蔬菜水果的集中度是下降的。

Change of sales concentration in the food processing industry, Top 50 processing firm of USA

1963	32%
1967	35%
1972	38%
1977	40%
1982	43%

四、多角化、集團化與垂直性整合（Diversification, Conglomeration and Vertical integration）

1. 受企業環境變遷的影響，食品加工業的經營愈來愈趨向多角化與集團化。
   較大的食品公司所產生的產品種類愈來愈多，而所做非食品加工的事業比例也愈來愈大。
   反之，也有愈來愈多非食品公司涉入食品性的事業。

2. 趨向多角化與集團化，其原因為：

(1) 分開公司的風險。

(2) 經營規模上較經濟。

(3) 適應市場的變遷。

(4) 法律上對橫的兼併或擴充的限制。

(5) 在經濟及法律上較有分量。

(6) 以減低稅額或會計作業上的掩護。

3. 垂直整合的趨向

(1) 加工業與農場整合：食品加工業選擇向上游的農場整合較常見，例如：肉用雞、飲用牛乳、豬、加工用蔬菜，以爭取所需要的原料供應。

(2) 加工業與零售業的關係：食品加工廠與零售業合作，產品由前者代工生產，而使用後者廠牌的情形愈來愈多。後者擁有通路優勢，前者積極自行開拓自有品牌。

(3) 加工業與餐飲業：這種方式的整合雖然有，但是尚不普遍。

(4) 農業或加工業與相關的加工製造業：此種方式的整合依每種加工業的性質而定。

4. 整合的原因：

(1) 技術的改變或互補。

(2) 連接階段的市場不健全。

(3) 欲降低風險。

(4) 欲減少交易費用。

五、食品結構趨向由消費者主導

1. 食品工業市場經營策略逐漸變成由消費者主導，而非由生產者主導。漸漸由產品→市場→競爭→顧客→轉為以市場為導向。了解消費者，以消費者需求為導向，才能成功的立足市場，消費者要什麼，就推出滿足其需要的產品。

主要觀點：品質、風味、方便、營養、衛生安全、價值。

例如：禽肉加工，業者成功的例子，以煮熟調理的產品提供給消費者。1976至1989年間，消費量上升65.2%；同一期間，牛肉消費量下降26.7%。

另外，大廠以「品牌」、「附加值」提供消費者方便的產品（主要是雞肉類）。

2. 消費型態改變對食品工業的影響

近年來，由於國人生活水準的提升及生活型態的改變，小家庭遽增，雙薪家庭的生活方式使外業飲食人口增加，其改變如下：

(1) 人口結構。

(2) 生活方式。

(3) 婦女就業。

(4) 產品多樣化。

(5) 飲食方式——多樣化、量少、精緻化。

(6) 健康安全——注重食品安全衛生，健康食品。

(7) 外食——外食人口增加促使盒餐業的興起，步入午餐工業化。

(8) 包裝與行銷。

六、食品零售業結構對加工業結構的影響

1. 外食食品市場成長率超過食品零售店：

外食市場的成長過大，對有品牌的廠商造成威脅，因後者已花費鉅額的全國促銷，品牌效果下降，廠牌知名度無法延伸到最終的消費者。

外食市場最大者為連鎖餐廳，其採購方式較複雜，而且採購的尺度是「品質」和「價格」，而非「廣告」和「促銷」。

2. 自有商標的連鎖店對有品牌廠商施加壓力：

(1) 連鎖零售店有些產品使用自己商標，但以廠商代工。

即使更換代工廠商，消費者也不易察覺，故對品牌廠造成威脅。

(2) 連鎖店不必花費鉅額的全國促銷，故售價可以下降。

(3) 因通路競爭，故不慮無供貨廠商。

3. 零售業往後延伸成食品加工者不多：

(1) 食品加工的利潤不高。

(2) 連鎖業的通路較占優勢。

故連鎖零售店很少向上游整合。

第三節　食品加工業改變的影響

一、食品工業發展

1. 食品費用占每人所得的百分比下降

(1) 生產的規模與效率提升，促使成本下降。

(2) 加工與生產的技術進步。

(3) 農產原料品質上升與供應增多。

(4) 注重R & D（研究與發展）。

2. 更多樣化的食品產品及餐飲服務

(1) 消費者有更大的生活享受。

(2) 工廠生產趨向少量多樣。

3. 寡營事業體增加，個體事業戶減少。

4. 市場的競銷，造成社會成本增加

(1) 資源分配不當，獨占寡占經營利益，操控價格。

(2) 浪費的廣告，瓜分百分比GNP。

二、台灣食品工業最近的改變

1. 本土企業嘗試國際化，開拓國際市場。
2. 產品自製率下降，代工品增多。
3. 勞力密集產業走向生產自動化。
4. 本土原料供應漸漸減少，嘗試改由進口。
5. 採用半成品繼續加工。
6. 設廠於國外，回銷或當地銷售。
7. 注重生產管理，R & D和產品管理。
8. 走向多角化經營，上下游整合。
9. 拓展新的內外銷市場。
10. 積極建立行銷通路。
11. 環保要求增加，故成本也相對增多。
12. 調整加入關貿總協的對策。

第四節　食品工業發展利基

一、優勢（Strength）

1. 技術能力強，技術人力充沛。
2. 周邊產業配合度高，上下游產業垂直整合良好。
3. 食品工業屬內需型產業，占地利之便。
4. 產業發展歷程長，已培養許多企業家，經營能力強，資金尚稱充裕。
5. 政府仍持續提供產業升級輔導措施。
6. 與國內消費市場最為接近，能適時掌握市場的反應，對配方、製程加以調整，做出適當反應。
7. 資訊管道暢通，易於掌握商機。

二、弱勢（Weakness）

1. 國內市場規模不夠大。
2. 消費者對品質衛生要求高。
3. 原料價格高，人工費用高。
4. 周邊產業尚嫌薄弱。
5. 食品機械、包裝材料控制於外商。

三、機會（Opportunity）

1. 國際化、自由化加速進行，市場競爭激烈，但進口原料成本可相對降低，取得較容易。
2. 由於生活型態及飲食習慣改變，國內消費對加工食品需求提高，產品訴求趨向於安全衛生、新鮮、方便、多樣化及保健等取向，對最接近市場的國內業者較有利。
3. 具有亞太市場廣大腹地。
4. 周邊產業逐漸擴大。
5. 部分業者已至海外設廠或併購外國公司，有機會就近拓展華人市場，甚至成為跨國公司。

四、威脅（Threats）

1. 先進國家於各地之投資，威脅國內廠商。
2. 調配料市場控制於外國大廠。
3. 部分開發中國家逐漸重視並加強食品工業，除滿足各國本身之內需外，亦有可能競爭我國之外銷市場。

第五節　未來發展方向

一、具發展潛力產品

冷凍冷藏加工食品

全調理或半調理食品

業務用加工食品

無菌或近似無菌包裝食品

即食餐食食品

果蔬汁飲料

機能性飲料

機能性食品

健康導向食品

嬰幼兒食品

中式調理食品

中式調配料

特殊營養食品

二、關鍵技術

擠壓食品加工技術

固體或固液混合物之加熱及殺菌技術

無菌充填包裝技術

即食餐食之連續式量產製造技術

調理食品加工及包裝技術

天然食品添加物之開發應用

新食品調配料之開發及應用

食品成品品質確效性預測技術

食品有害微生物之快速檢測技術

食品新包材之開發及應用

食品包裝完整性檢測技術

食品工廠線上異物檢測技術

食品工廠製程品質感測器之研發及應用

少量多樣化食品工廠生產自動化輸送系統之開發及應用

新型食品加工及包裝機械之研發及改良

三、發展策略

我國食品工業多為中、小企業，台灣市場有限不利企業大型化，可能發展的策略是：

1. 開發大陸及東南亞市場，擴大產品消費群，增加產業經濟規模。
2. 與外國企業技術合作，發展有特色的產品，拓展外銷市場。
3. 配合企業具備的資源、條件，考慮多角化或發展複合型企業。

第六節　政策調整與因應措施

一、短期政策調整與措施

1. 協助農政機關供應充裕價廉之農產原料，並放寬大陸地區農產原料進口，以降低成本。

2. 協調相關機關，儘量改善原料與成品關稅稅率結構之合理化。
3. 健全進口救濟制度。
4. 協調合理降低糖價，減低業者用糖成本並促請台糖公司加速轉變經營策略。
5. 協助開發專用麵粉及提升麵粉與麵製品之品質及製造技術。
6. 積極整合國內食品相關認證制度，有效建立產、製、儲、銷及消費者之共同品保體系。
7. 檢討修訂《食品工廠建築及設備之設置標準》，以符合現代化食品工業發展需要。
8. 鼓勵推動經營合理化及加速技術升級，並將生產效率低、缺乏競爭力之產品移往海外投資生產。

二、長期發展與措施

1. 以相關專案計畫輔導產業發展，協助業者提高研發能力，生產自動化、提高產品品質、改善製程等，以提高生產力降低生產成本，強化競爭能力。
2. 加強輔導業界研究發展，以提高產品創新能力及競爭力，促進產業升級。
3. 鼓勵業者提高自動化，擴大企業經濟規模及導入企業垂直整合，以降低成本提升競爭能力。
4. 開發高品質、高附加價值及低環境成本之產品，突顯國產品之特色，以強化競爭優勢。
5. 輔導業者改變經營策略，朝向保存期限較短之產品與進口產品區隔市場。

第二章

工廠計畫

第一節　食品工廠投資策略與實務

1. 投資的形式與程序：

 (1) 整廠輸出或部分輸出——原料及市場。

  （兩頭在外、兩頭在內、一頭在外、一頭在內）

 (2) 合法化及知彼。

 (3) 合資、合作、獨資、補償貿易。

 (4) 意向書、立項書、可行性報告書等合同章程。

2. 投資的目的與投資地點的選擇：

 (1) 目的的明確化——（時限，費用及欲達到的水平）使每一個參與投資策略的人均能快速，且容易的說出來，則它將成為作業中大家的最高指導原則。

 (2) 投資的目的影響投資地點的選擇——各產業別有其特殊考慮的地方。例如：麵粉業——港口旁邊。某食品業——原料、材料、能源、廢水處理、交通運輸。

3. 合作夥伴的選擇：

 (1) 人治化社會，規章制度不全——才有機會。

 (2) 大陸的國營企業與鄉鎮企業。

 (3) 東南亞等國家之華僑。

 (4) 列出合作的各項考慮條件。

 (5) 一定要符合的基本條件篩選。

 (6) 比較各項條件，依比重大小，給予評分。

 (7) 針對選定的前三名，考慮其潛在的威脅問題點。

 (8) 「誠心」是很重要的基點。

4. 資金來源與確認：

 (1) 老闆的心態。

 (2) 固定投資資本。

(3)註冊資本。

(4)流動（運轉）資金。

5. 人員的儲備與訓練：

(1)成功與否的最重要關鍵。

(2)生產的5M是以「人」為中心。

(3)行銷的4P是由「人」來訂立及執行。

(4)經營的成敗是由「人」來負責。

6. 建立合用的管理模式——避免因人而異：

(1)合用的而不是最好的。

(2)作業指導書——細分至最小的步驟，每一個人均可容易達成相同的結果。

(3)老闆（主管）的心態。

(4)台灣派出去的幹部心態——將在外。

(5)台灣幹部的關心——薪水、福利、私生活、輪調。

(6)當地幹部與員工——本土化、培訓、尊重。

(7)壓力式管理或是軍事化管理。

(8)簡要有用的表單。

7. 贏的策略：

(1)先決定內銷或外銷，因其對各項資源的利用有決定性的影響，對地點的選擇，設廠或委託加工也影響深遠。

(2)選對地點——設廠或委託加工。

(3)避稅，避險的財務規劃及資金調度方案要優先完成。

(4)經營者親身投入，並對幹部真誠關心。

(5)台灣去的幹部不能太多，人少、授權、高薪。

(6)本土化落實：一定要有時間表，以安人心。

(7)特權的使用與民情的結合。

(8)禮多人不怪。

(9)談判的準備。

8. 技術移轉的策略：

(1) 定義清楚什麼是技術。

(2) 移轉的必要性及其考量。

(3) 生產技術、行銷技術、經營技術。

(4) 依行業別的特性個別考量。

(5) 分次移轉的可行性。

(6) 技術提供者的心態及技術水準。

(7) 技術接受者的心態及既有水準。

(8) 相關產業配合的情形。

(9) 實際派遣去教導的人員。

(10) 個人為主／母公司技術群的支持。

9. 實際執行步驟：

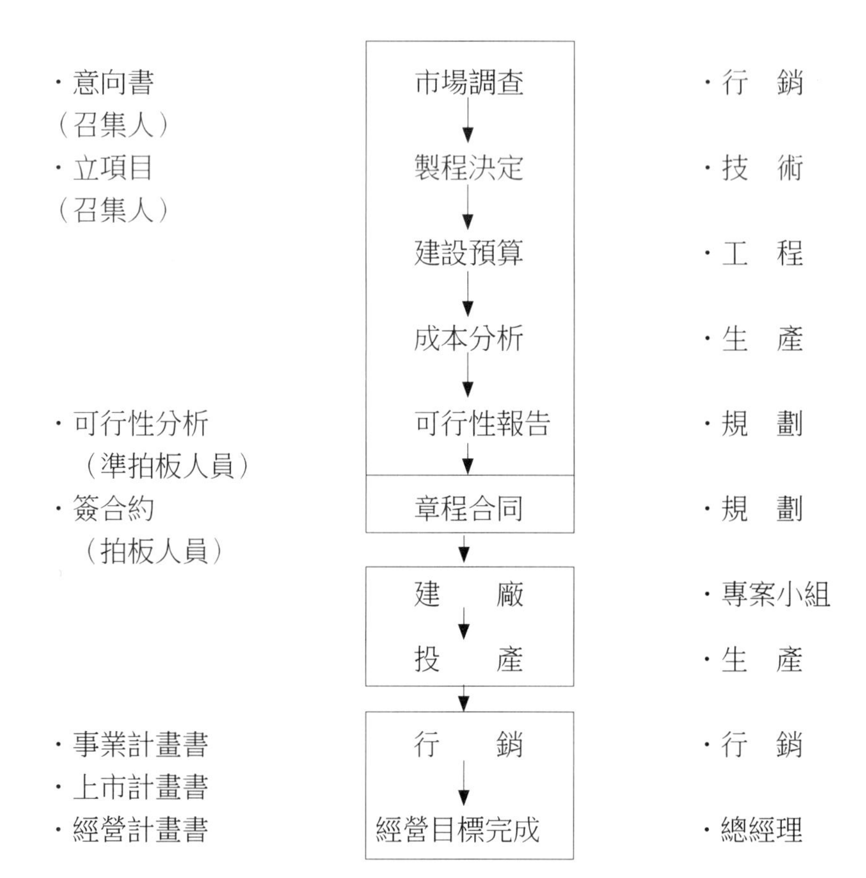

10. 結論與討論：

(1) 海外：台灣之外，一定要實地去了解，才有臨場感，所規劃的作業才會切合實際，千萬不要坐在台灣的辦公室紙上作業而已。

投資——為了事業能永續經營，則必須有利潤來支持下去，有利潤一定要有先期資金（一把米）。資金的多少，往往是有無利潤的決定因素，有道是市場是「用錢買來的」，尤其對於與大眾生活息息相關的食品業。

(2) 策略：方法是人想出來的，知彼知己才能想出實際可行的好方法，海外是個廣闊多變的環境，資訊的蒐集相當不容易，資訊變化多端，如何設定需要的框架，對於蒐集資訊很重要。

(3) 實務：別人的經驗雖然不一定可符合我們的需求，但經驗是不嫌多的，而且實務常因時、因地而有不同的達成方法，今天所講的實務只是眾多方案中的幾個，當你接觸很多實務之後，你會發現很多共通性，可供你去使用。

第二節　工廠計畫

一、意義

所謂工廠計畫，其內容可謂大至工廠興建，小至製造場所內的設備布置，工廠新設、增設，或改造的一切。

1. 狹義：製程空間的設備與布置，設備所需的計畫。
2. 廣義：對組成工廠的各要素，如生產、土地、勞力、資本、企業以及勞工福利等事項作周詳之考慮，以達到生產符合品質，成本低廉，而為顧客滿意的產品或服務之全盤計畫。
3. 硬體：設備計畫，設備布置（機械設備、安裝）。

4. 軟體：製造場所組織的編置（先有製程設計、製造技術）。
5. 財務：設備投資。

因投資龐大，財物負擔沉重，工廠計畫意義重大。

二、目的與方針

工廠計畫的目的與方針涵蓋範圍很廣，經營者需以長期性觀點確定方針。若因產品變更，或技術更新而使建設無法有效運用，將導致經營上重大損失，因此宜避免計畫差錯。

計畫相關參與者應徹底了解內容，參與者需各以對市場研發、技術工程、財政金融、法律的專業立場，進行評估和設計。

三、計畫的目標

進行工廠計畫時，應該先要把生產的目標定清楚。

1. 計畫的項目：產品的種類與生產量。
2. 計畫的條件：建設完成期（生產開始日期）與建設預算，廠房或設備的使用方法（轉用或新設）。
3. 計畫的目標：確立生產合理化的目標〔產能（P）、品質（Q）、成本（C）、交貨期（D）、安全（S）〕中何者為重點。

四、計畫的內容

工廠計畫的內容應包括：

1. 生產方式（人工、機械、一貫作業等）。
2. 因應上項各製程之技術、設備、與人工之概要。
3. 存貨量（原料、再製品、成品）與搬運方式。

4. 補助部門的結構與直接部門之關連性。
5. 計算設備投資的預算與合理性。
6. 計畫與製程之日程計畫。

五、計畫的進行方法

因工廠計畫之規模與特徵不同而異，一般程序以下圖所示進行：

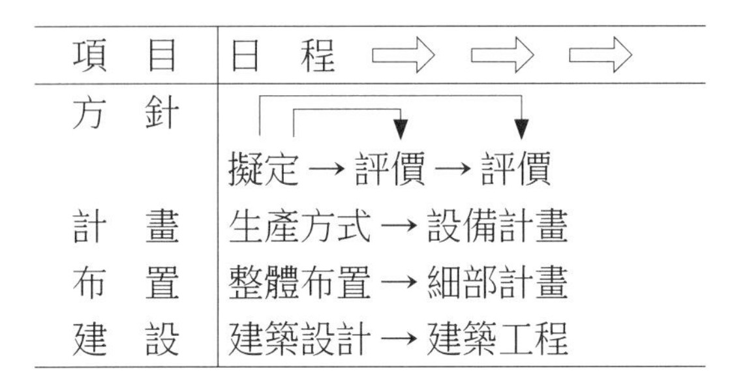

項　目	日　程 ⇨ ⇨ ⇨
方　針	擬定 → 評價 → 評價
計　畫	生產方式 → 設備計畫
布　置	整體布置 → 細部計畫
建　設	建築設計 → 建築工程

工廠計畫籌劃工廠的生產結構，形成生產的體質，不僅關係到工廠的質與量的能力，也對生產力有既定性的影響。

六、食品工廠的設計

食品工廠設計是食品生產的基本條件，是食品衛生、安全、品質的物質保證。不論是新建、改建、擴建一個廠，還是進行新新技術和新設備的研究，都需要進行設計，與以後工廠生產的效益和興旺密切相關。

設計食品工廠原則

1. 採用新技術，力求設計在技術上具有現實性和先進性，在經濟上具有合理性。
2. 必須結合實際，因地制宜，體現設計的通用性和獨特性相符合的原則，並留有適當的擴展空間。
3. 食品類工廠還應貫徹國家食品衛生有關規定，充分體現衛生、優美、流暢並能讓參觀者放心的原則。

4. 設計工作必須加強計畫性，各階段工作要有明確進度。

七、食品工廠基本建設

基本建設的主要內容包括：

1. 建築工程，如各種建築物和構築物的建築工程、設備的基礎、支柱的建築工程等。
2. 設備（包括需安裝的和不需要安裝的設備）、工具、器具、辦公傢俱的購置。
3. 設備安裝工程，如生產、動力等各種需要安裝的機械設備的裝配、裝置工程。
4. 與固定資產投資相聯繫的，如勘察、設計等其他工作。

第三節　建立工廠

一、廠址所在選擇要件

1. 勞工來源與其技術層級高低——在城市與郊區交會地區。
2. 公共設施（包括電力、水源、電信、廢水處理）——工業區內俱全。
3. 原料來源與其運輸成本——食品工廠大多位於農業區附近。
4. 交通運輸便利。
5. 當地居民之反應。
6. 是否有其他經濟助因（如賦稅減免、低利貸款、法律管制）。
7. 氣候條件——溫度、濕度、日照等因素。

二、建廠成本

（一）有形成本

1. 土地取得成本、2. 廠房租用購買建造成本、3. 原料成本、4. 動力水電成本、5. 人工成本、6. 稅捐與保費、7. 運輸及搬運成本。

（二）無形成本

1. 法規成本、2. 氣候成本、3. 勞力特性、4. 社會團體反應、5. 工會態度。

三、工廠布置

從原料之接收，生產線的加工製造以至成品之裝運為止的全部過程中，將人員、物料、機械、設備作最有效組合。其考慮的因素有：

1. 產品：體積、數量、價值、品質、原料、物料、半成品、衛生、安全。
2. 生產順序：穩定與否、減少變動、活動方便。
3. 工廠所據空間：廣度、高度、操作空間、物料暫存、安全距離、隔離。
4. 設備：所使用的設備輕重、大小、操作運轉情況、位置。
5. 維護保養：機械設備的安置須預留空間以供人員操作。
6. 生產平衡：每項設備的產能不同，原物料所需處理程度不同，應避免造成瓶頸、混亂。
7. 減少物料搬運：減少搬運是工廠布置的重要原則，以減少人力、時間和設備的操作。
8. 獲得最佳流程：同屬工廠布置的原則之一，設計上要符合便利生產操作的動線。
9. 考慮補助單位：材料間、工具室、工作人員休息室與生產作業直接有關宜安排在最短距離。

10. 彈性原則：工廠布置之後，如產品或生產設備有改變，需要有預留空間場地，設備可供調整。

四、廠房布置計畫

1. 實施順序：整體與細部兩個階段。
   (1) 整體：廠房使用、面積、形式、大小、構造、布置。主要設備之布置、通路、各種服務之供給方法。
   (2) 細部：廠房內製造場所的布置、製程編置、個別機械布置。
   前者工廠新設或廠房新建，大幅度改變模式頻率低。
   後者局部性布置的變更頻率高。
2. 建地的使用計畫
   (1) 新廠：選建地，設廠地點關係重大。
   (2) 現有地：
      ①整體廠房布置或通路。
      ②地形與外部關係。
      ③建地的有效使用度。
3. 興建計畫：依前述之基本計畫，決定各部門、場所所需的面積與形式。
   (1) 廠房布置——平面及立體、廠房形狀、結構、單樓層或雙、採光、照明、通風。
   (2) 倉庫面積。
   (3) 檢驗場所。
   (4) 管理部門。
   (5) 福利設施。

第四節　食品工廠設施

一、廠房原則

包括：

1. 辦公室。
2. 原料處理場。
3. 加工或調理場：加工場所採取日光之窗戶面積應為地面面積1/5以上，機械設備台面應保持100燭光以上，工作台面或調理台面應保持200燭光以上。
4. 檢驗或研究室。
5. 包裝室。
6. 倉庫。
7. 機電室。
8. 鍋爐室。
9. 修護室。
10. 更衣消毒室。
11. 餐廳。
12. 單身宿舍及廁所：廁所建築地點應距水井（源）20公尺以上。

二、食品工廠技術員職責

1. 生產製造技術職員：專以掌管原料處理、加工製造及成品包裝。
2. 品質管理技術職員：掌管原料、製造即成品包裝等處理過程中有關品質管制標準及檢驗、化驗、追蹤執行等工作。
3. 衛生管理技術職員：掌管廠內外環境衛生，用水衛生管理、廢棄物處理、細菌檢查、員工個人衛生。
4. 安全管理人員：掌管工廠安全、防護等工作。

第五節 如何有效建立一個新工廠

一、製程介紹

1. 單元方法與單元操作

食品製造工業與化學工業產品的性質相似，其型態儘管五花八門，但是其製造過程總脫離不了兩種操作。一種是與化學變化有關的操作叫做單元方法，另一種是與物理變化有關的操作叫做單元操作。任何一種工業產品都是匯集一種或一種以上的單元方法或單元操作製造出來的。上述的單元操作或單元方法，在工廠的實際生產中，是藉著各種設備及系統控制來達到目的。所以也可以說製程是單元方法、單元操作、設備設計及系統控制的綜合體。

2. 所謂製程

商業化產生的製程，大致可分成下列幾個段落。規模大的如石化工業，各段落均具備，規模小的也許只涵蓋幾項。

原料儲存→原料處理→反應→反應物分離→產品精製→產品儲存及運送

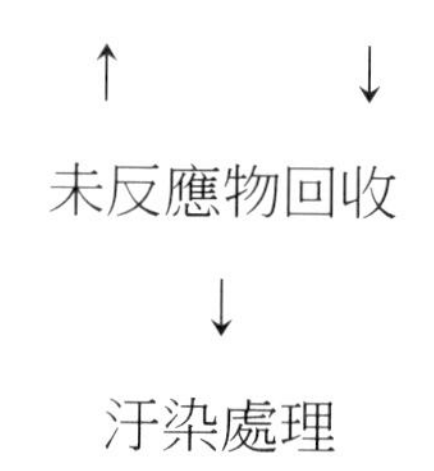

(1) 原料儲存

原料儲存的目的是維持工廠正常運轉，儲存方式要依原料的特性及製程來決定，下面幾點應特別考慮：

①容器形式及大小。

②容器材質。

③防止原料變質及損失。

④安全因素。

⑵原料處理

可以是簡單的去除雜質或水分，也可以是複雜的製程，其主要目的是，處理後之原料要符合下一製程所需的規範。

⑶反應

是整個製程的心臟地區。反應程序佳，則效率提高，更是影響成本最大的地方。

①不只考慮反應本身，更要以整體成本來考慮此製程。

②如果使用催化劑時則其取得之難易，壽命之長久也要列入考慮。

③合適的控制裝置，有利於效率提升。

④能源的利用及設備材質之考慮。

⑷反應物分離

對設備的選用要著重在適當的設備及合理的安全係數。

⑸產品的精製

產品品質是以滿足客戶要求為準。

⑹未反應物回收及汙染處理

儘量回收未反應物不但節省成本，也減低了汙染處理的費用，汙染處理的難易有時會成為產業存亡的決定因素。

⑺產品儲存及運送

運送的效率也會影響產品儲存的量，產品的儲存量當然是愈少愈好，它與原料儲存有相同的考慮因素。

3. 製程的設計程序

⑴製程發展

一般由實驗室的研究成果經由實驗工廠的規模放大，才達到商業化的規模，因實驗工廠的造價不便宜，直接由實驗室規模放大為商業化規模有愈來愈多的趨勢。

(2) 質能平衡

規模大小決定之後藉由質能平衡的運算，從產量可以得到所需原料之量及各項操作條件。先由簡單流程定出各單元的壓力，溫度等條件，從而定出各單元之流量，結合成流程圖。流程圖包括溫度、壓力的控制指示及控制閥位置等，除了主流程圖之外，公用設施流程圖也必須在此階段完成。

(3) 儀錶設計

流程上所需之儀表裝置的位置及其與管線設備之關係要在流程圖上標示清楚。儀表所需的基本數據，由方法工程師列出，交給儀表工程師來設計。

(4) 方法及機械規範

方法規範包含程序說明，設計基準及檢驗標準。機械規範包含製造準則及尺寸大小。

(5) 輔助性規範

針對工廠特殊性或基地特性訂出特殊的輔助性規範。

(6) 廠區布置

依廠區大小，製程順序，考慮材料經濟性及操作維護性，來布置工廠，物及人的動線是廠區布置考慮的要點。

(7) 詳細設計

實際供建造之圖樣的設計及繪製。

4. 安全與衛生

有關安全與衛生的事項在現代化工廠中均列為最重要的事項，因此在設計時即應列入考慮。

(1) 在規模放大階段，對於溫度、壓力、成分等之限制因素要特別考慮會不會在放大規模時有特別的限制。

(2) 對可燃性、反應激烈性及有毒性等因素要特別考慮來因應，例如防爆牆的設立等。

(3) 在儀表設計階段，對於緊急事項要有警告，自動停車及安全串連等之自動控制。

(4) 有安全顧慮的事項，在規範設立時要明文列入規範，例如使用惰性氣體來試車等。

(5) 容易受毒氣汙染的地方要設有洗眼設備。

(6) 控制室最好能離開製程區三十至四十五公尺。

(7) 有安全顧慮者應設有定期的查核表以便定期檢查。

二、典型的建廠程序

1. 建廠籌劃

建廠之初，首先由投資人研究建廠可行性報告，俟投資人認為投資報酬率能滿足其投資意願時，則投資人就會提建廠計畫，委託合適的工程公司去執行建廠工作。

2. 可行性研究

(1) 市場調查

市場調查之目的是為了訂出建廠的產能，市場調查可以參考有關期刊，論文及雜誌，由海關清單，工會或進出口商也可得到參考資料。直接訪問客戶可以得到有用的資訊，調查下游產品之產量和進出口量可以推算產品的銷售量，探討歷年的產品銷售量，以回歸分析法來預測未來市場之總量，並預估市場占有率，則可得到設廠的產能預估量，此外產品的價格也可由調查中獲得。

(2) 技術來源

不管是自行發展，或者由國內國外購買，均以經濟可行為唯一考量。

(3) 製程選擇

製程選擇以對原料回收率為優先考慮，操作的容易性，機器的可得性，原料來源，能源依賴性，副產品及廢料處理，及建廠時間等均需列為重要考慮點。當然，製程的可得性是必須列為必要條件的。

(4) 固定投資估計

固定投資要包含直接費用及間接費用，直接費用有土地、整地、建築物、機器及按裝等項目。間接費用則應包括開辦費、工程設計監工費、建築及電機技師費、建造費及台電按裝費等。建物除了主廠房外，行政大樓、實驗室、倉庫、維修室、變電室、醫務室、餐廳、守衛室等均應考慮周全。

(5) 週轉金

純週轉金是流動資產減去流動負債的差額。流動資產包括現金存款、應收帳款、應收票據及原料成品之庫存；而流動負債則包括短期借款、應付帳款、應付票據、應付稅款及薪水等。

(6) 生產成本估計

生產成本包含原材料、直接工資、動力費、製造費及管理費等，製造費包含直接支援生產的所有費用。例如折舊、維修、租金、技術使用費，而管理費則包含間接支援生產的所有費用，例如行政辦公費用、各項福利支出、工廠的保險、稅捐及改進、廢水廢棄物處理等。

(7) 損益預估

除了工廠成本外，公司的行政費用、業務推廣費、產品運輸、研究發展費用及財務利息等費用，也是利益評估時必須考慮者，由實際銷貨收入減去上列的費用就可得到稅前利益，再扣除所得稅（台灣一般為百分之二十五）則得到稅後利益。

(8) 評估

可行性評估仍以經濟效益為核心，其他效益為輔助， 做經濟效益評估時，最好能以工程經濟的方法，把金錢的時間價值考慮進去，並且把折舊列入考慮，才可得到比較中肯的評估結果。

3. 廠址選擇

選擇廠地時，有許多必須考慮的因素。土地情形、地價高低、廠地面積、位置、當地交通、原料來源、公用設施、汙染管制、稅捐、人力資源、生活環境、氣象等均必須列入考慮。

4. 投資設廠手續

各地區政府規定的設廠手續必須先行了解，才可在籌劃工廠時有所依循，當然各項手續，也可委託工程公司、律師事務所或會計師事務所代辦。

5. 貸款申請

工廠設立時，其運轉資金或週轉金一般均是向當地銀行以設備或土地抵押貸款，貸款的手續、時機及條件也應事前充分了解應用。

6. 獎勵投資

各地方政府對於生產事業一般均設有獎勵措施。所得稅減免是比較通常的項目，何時起算，一般都可伸縮，免稅進口也是常有的項目。反正不用白不用，你不主動去申請，政府是不會平白給你的。

7. 專案小組

日趨複雜的建廠工作，不管是業主自己做或委託執行，最有效的方法就是成立專案小組來執行，專案小組通常是由有關功能性部門派出的小單位組成的臨時性組織。

(1) 組織及職掌

典型的專案小組，一定設有專案經理作為與業主溝通的窗口，也負責整個專案的成敗責任。專案經理下設專案設計經理及專案建造經理來負責設計及建造工作，除此之外，進度及成本工程師、方法工程師、採購工程師，在比較有規模的專案中，也會設立來協助專案經理，而大型工程甚至會有專職的專案協調員來協助專案經理。

(2) 工作範圍

專案小組的工作，從可行性研究、建廠費用估算、基本設計、細部設計到採購、建造、試車、性能測驗、開工等，可說都是工作範圍，實際執行時可在小組成立時宣示之。通常工廠在擴建時，其原有的工程及維修人員，無力承擔擴廠的工作，而新公司成立時，也不會有經驗豐富的工程師，此時比較有規模的建廠工作一般均委託工程公司來執行。如果製造技術另外向外面購買時，那麼在業主、技術所有人及工程公司之間如何分工也會變成是很重要而必須事先講清楚的工作。

(3)執行

專案小組的執行管理要先有協調準則為依據，再藉著協調會議（任務交接會議、專案開工會議、專案探討會議）對進度及成本做出管理控制。進度最好以PERT來控制，成本管理以預算目標為基準，有差異時馬上提出檢討修正來管制。專案執行中，有關文件、圖件及規範均需編號來管理。技術性工作，無論設計或建造，均必須在開始時，由各小組擬定工作進度計畫及人力資源等之供應計畫，而由專人負責全面的協調及管控。商務工作無論採購、發包、保險及合約的簽訂執行，均需依事先訂定的準則實行。專案經理是影響專案成敗的靈魂人物，其遴選的條件應依專案的性質而有所不同。

第六節　設廠案例

一、味精工廠建廠程序

1. 設廠特點

味精廠與一般食品工廠不同，其產品屬於食品範圍，卻使用糧食及化工原料，經生化反應來完成。設計上除了一般規範之外，還要考慮食品衛生、無菌技術和其他單元方法及單元操作，屬於現代發酵工程的範圍。

2. 設計階段及建廠程序

設計上採基本設計及細部設計兩階段，對於簡單成熟的小項目及廠房，可以直接進入細部設計，典型的程序如下：

項目建議書→可行性評估→廠址選擇→基本設計→細部設計→施工及按裝→完成試車→商業化運轉。

3. 項目建議書

根據市場需要，結合經濟發展，經初步調查所提出的建議，重點在於衡量資源情況，並遵守當地發展的需求，對於經濟效果及社會效益的初步估算，原則上要取得政府的認可。

4. 可行性評估

國際上對可行性評估之內容已經相當成熟，大抵上是以技術是否先進、可靠，經濟上是否合理，財務上是否有利潤為主要內容，而經濟效益是可行性研究的核心建設項目，是否可行，最後是取決於經濟效益的大小。

可行性研究主要由市場調查及需求預測開始。市場總量決定該投資項目的必要性。可行性評估是建廠的先期工作核心，是初步設計的主要工作。可行性評估必須堅持客觀、公正，不能應付，對總投資的估算要力求準確，與初步的概算不能相差太多，否則要重新立項目。可行性評估除了測算經濟效益之外，對於抗風險能力也要作敏感性分析。環境影響評估是近來一定要列的項目。

一般可行性評估報告書內容如下：

總論〈摘要〉—項目背景及發展概況—市場需求預測及設廠規模—設廠條件及位置〈資源〉—技術內容—環境保護—組織與人員—進度〈核准至完工〉—投資金額〈固定投資及流動資金〉—財務評估〈回收期及敏感性分析〉。

5. 廠址選擇

廠址選的對不對直接影響味精工廠的存廢。充足可靠的水源，空氣品質要好，不要在居民密集區、文物風景區、通訊及機場附近。要有可靠供電保證，地耐力不低於每平方公尺十五噸，不要在山坡地，因物資吞吐量大，交通要方便，有利廢水處理之地方及靠近動力供應中心最好，廠址選擇時，儘量多選幾個分析比較之後，選最佳者。

6. 基本設計

基本設計是細部設計的基礎和主要依據。主要是就設計的範圍及內容，進行全面布置和詳細計算、繪圖，使能體現出味精工廠及廠房全貌。基本設計還不能達到施工的要求，但可供論證、審查及主要設備訂貨之用。

基本設計應可達到下列要求：

主要設備訂貨—主要材料的估算和預先安排—確定工程造價—徵收土地—確定操作人員—核定經濟、社會和環境效益—審查批准。

7. 細部設計

細部設計的圖面應可供施工單位施工依據。只要按圖施工，則施工者不必負責任，而由設計者負責。施工單位遇有問題應向設計者討論，施工單位無權更改圖紙。

8. 施工、按裝、試車、檢收、生產

施工中要嚴格執行設計規定和檢收標準來確保工程品質，完工後進行檢收工作。檢收前，施工單位要有完工報告，整理技術資料便於驗收後作為技術檔案，交給生產單位保存，並列入固定資產管理。

二、小型項目建廠程序

1. 成立小組指定負責人
2. 市場調查

   決定外型包裝、價格及產能。
3. 製程決定

   產品及原料之規格及檢驗方法。

   配方及製造方法。
4. 固定投資費用

   土建、設備、公用、廢水處理。

   土地、辦公、化驗、維修工具。
5. 生產成本

   原材料、人工、動力、製造費、管理費。
6. 損益分析

   銷貨成本、銷售費用、公司費用、財務費用。

7. 可行性報告

經濟效益、風險分析。

8. 基本設計

流程圖、布置圖、設備表、管線圖。

9. 細部設計

建造圖。

10. 建造

進度控制使用PERT。

11. 試車及結案

按原訂檢收標準、提出結案報告書。

第七節　使用專案管理來建廠

一、摘要簡介

專案：工作一般可以分為例行性與專案性兩種：例行性有著持續以及重複的特性，而專案則有暫時性以及獨特性的特點，從好幾億的建廠工作，到做一個簡單的專案報告，都可以成為一個專案，只要它有開始到完成的時間限制，有很多相互關連的作業，而且每一個作業都需要時間來完成，它就是一個專案。專案常常因為時間資源的限制，使得專案變的格外的複雜，專案也因常常只做一次，使得它的模仿性很低。

專案管理：專案管理，是將管理的知識、技術、工具和方法等，運用到專案的活動上面，以期望達到專案的需求目標為目的。專案管理，必須保證聚焦於規劃所有的作業，使它完成，並且可以控制各項進程，同時整個計畫，可以用來與高階層溝通之用。電腦公司，打算把它的客戶服務中心，遷到科學園區，以便接近它的主要客戶，例如公司指定5位主要幹部，來做這一件事情，在第一次開會當中：

＊將負責客服中心的副總：預算350萬台幣，主要用來添購設備。

＊工程部經理：搬家時機不好，因為碰上工程業務的尖峰。

＊管理部經理：關心裝潢的問題。

＊財務部經理：不知為何指派他參加，因為搬家他沒有經驗。

＊資產管理部經理：快動作吧，不要再談了。

高階層，常常會指定有不同專長的人，來組成專案小組，就好像電影〈不可能的任務〉中，有各種專長的人一樣，儘管如此，如果沒有下面兩個基礎的支撐，專案要能夠成功，是相當困難的：團員對於成功的承諾以及簡單有效的遊戲規則。清楚的進度，是專案能夠成功的主要關鍵因素，但是進度卻只是專案的一部分，而不是全部，儘管它所占的份量多麼的重大。

專案的階段：專案開始前，必須問下面幾個問題：專案範圍是什麼？如何完成它？它的進程如何衡量？完整的專案進程，應該包括下列三個階段：定義階段、計畫階段、執行階段。

澄清專案目標，確認專案的資源需求、計畫階段規劃進度，分配責任給所有有關的人員、執行階段執行、修正、並評估使其成功。整套的流程，建立在團員的經驗之上，有了實務的工具，可以增加團員的承諾，以保證專案的成功。

美國 NASA 執行了650個專案之後的統計發現：影響專案成功以及失敗的因素如下：

失敗原因：1. 沒有清楚需求就開始，2. 找錯專案經理，3. 缺乏上級支持，4. 工作項目定義不適當，5. 沒有一個有效的管理流程，6. 專案結果沒有承諾明確。

成功原因：1. 專案團隊的承諾，2. 開始的成本估算正確，3. 專案團隊能力優秀（知識及技術），4. 有效的計畫及控制力，5. 團隊對於工作及人際關係取得平衡，6. 專案經理全心投入，7. 有清楚的成功準繩。

二、專案管理的架構

定義階段：專案失敗的最重要因素，是常常一開始就跳到計畫階段，甚至直接跳到執行階段，因而導致失敗，沒有清楚的需求即開始，就好像考試，沒有看到規定就作答一樣，老師在開學的第一天，在黑板上寫上 4、8 兩個數字，問學生答案是多少？學生們的答案真是五花八門，卻沒有人問老師要做什麼？定義階段即是要請問下列問題來澄清：1. 專案的目的是什麼？2. 專案目標是什麼？3. 專案的結果是什麼？4. 專案需要什麼資源來支援？ 確認清楚目的是什麼？並且建立工作的範圍，同時點出需要的資源。定義階段所發展出來的資訊，將會勾畫出清楚的地圖，以便完成專案，也是後續兩個階段的基礎，而WBS是提供專案進行中所有作業的基本。定義階段使用下列五項有力工具：1. 專案宣告聲明，2. 專案目標，3. 工作細分架構，4. 資源需求，5. 專案管理討論。

計畫階段：計畫是在可行的時間限制之下，把專案的工作以及資源組織起來。計畫階段即是要請問下列問題來澄清：1. 誰有責任？2. 專案的時機為何？3. 資源如何配置？何時有利？4. 專案的成功要如何確保？計畫就是把資源設法連結到需要資源的作業上面，資源能有效的使用，就可以降低成本，使投入的回收報酬率提高，而資訊的取得，也是一項有利的資源。計畫階段使用下列五項有力工具：1. 責任分配，2. 進度計畫工具 bar chart PERT，3. 專案計畫增強技術，4. 資源管理者規劃，5. 專案管理討論。

執行階段：有效監控的執行，可以使資源作最適當的使用，並且對於問題以及機會做快速的反應。執行階段即是要請問下列問題來澄清：1. 過程如何執行？2. 如何措施，以解決問題並把握機會？3. 如何才能做到最好？又會學到什麼？執行階段使用下列五項有力工具：1. 專案的監控，2. 專案的修正，3. 績效的分析，4. 結案及評估，5. 專案管理討論。

專案管理的進程是一個動態可行的過程，它可以依照專案複雜的程度或者成員的不同，而選擇其內容，為了確保專案的成功，進度與資源的搭配是重點的所在，而潛在問題、潛在機會的把握，以及人員的適當配置，則是主要的著眼點。

三、定義階段

客戶服務中心有三個部門：工程、法律財務、管理，現址因為太小，為了發展需求，想要搬到科學園區，環境比較好，又接近總公司。搬家預算總公司撥了350萬元，用於添購設備，搬遷費用則請部門自理，並且要求2個月內完成搬遷，雖然總公司設備部門提供的支援不足，而且目標模糊，資訊不足，資源欠缺，團隊管理弱，為了能夠克服上面的困難，聘請顧問協助並且按照專案管理的方法來執行。專案宣告聲明：主要是聚焦在三個構面上面來發展目標及工作：績效是一個動詞＋結果，時間是完成的目標時限，成本是資源費用。清楚的宣告聲明，將可以引導專案成員有共識，明白專案目標，以及它的限制在那裡，例如搬遷客戶服務中心，兩個月內完成，預算不能超出350萬元。

專案目標：把宣告的三個面向進一步描述的更清楚，它確定專案完成後的結果以及執行當中的限制條件，並且提供專案管理的一個檢收標準，專案的結果可以從下列領域來考慮：商業上、財務面、技術面、組織面、行銷面、BSC四個構面，客戶服務搬家的例子完成後的結果可以改變辦公廳的配置、動線改變流暢、資訊流動良好、改善空間照明噪音、提供可以發展的空間。而限制條件則是遷移費用不可以多出350萬、2個月內要完成、現有設備要做最大利用、搬遷當中工作量增加、空間限制、搬遷中服務不可以中斷等。限制條件主要來自人、錢、時間三方面，其他因素也可能形成：法律、環境、組織、政策、市場等。目標也可以經由下列問題來得到：專案結束我們會有什麼？有沒有其他更重要的目標？有什麼資源的限制？一般情況之下，寫目標的時候，會聚焦在結果，而不會考慮限制條件，只有在清楚定義結果之後，才可能定義清楚限制條件以及資源，而組織內的因素，常常會影響目標的改變。

當有了目標之後，就可以使專案依照基準去做，也會提升團員的承諾強度，所以，目標可以說是成功的基礎。沒有目標、有目標卻沒有寫下來、有目標並且寫下來，這三種人，經過10年之後，其平均的收入，差異到達2～10倍；台北有一個計程車司機，每天的收入都可以達到3000元以上，比別的計程車司機平均

2000元來得高，只是因為他每天都有目標而已。如何設定目標？有一些大型專案，會借用外部人員，使用BS方法來找到好的目標，因為，外部會有一些對某方面特別專精的人員可以利用。

工作細分架構 WBS，在專案目標完成之後，為了達成目標，就必須發展WBS，WBS的目的是為了資源的分配，以及責任分工之用，而WBS主要依靠團員的經驗來做，這包括專案完成之後會產生的事情，以及專案當中必須完成的工作兩項。例如在搬家的例子中，辦公室Layout完成，辦公室設備得到，辦公室區域準備完成，辦公室遷移完成，組織手冊的完成等，WBS可以再細分為Sub-WBS，例如辦公室Layout完成，可以細分：關係圖表完成、部門區塊Layout完成、部門詳細Layout完成。WBS可以使用類似書本目錄或者樹狀圖來整理。WBS可以當做下列工作的基礎：建立資源需求表、作預算以及價格估算、控制成本、責任分派、規劃進度、資源配置、監控報告、專案修正、評估作業。

資源需求：專案的三個面向：性能表現使用：專案宣告、專案目標、專案工作項目來顯示；時間限制使用：專案宣告、PERT進度表來表示；成本限制則來自於：資源需求的多寡。資源的要項為人力、設施、設備、物料等，每一項資源都要寫明白它的規格、數量、成本以便資源成本的結算，例如人力資源：要把知識以及技術作為規格，而每一項工作需要多少（人時）作為數量，每一個（人時）值多少錢，則可以算出每一項工作的成本。

使用WBS的最底層工作項目，作為單元，來預估資源的成本需求，縱軸為工作項目，橫軸為資源需求。

專案管理討論：專案管理討論，在三個階段中，都可以有效的運用，不管是專案內或是專案外的員工，都可以使用並作出貢獻，它對於專案的成功，有不可磨滅的功勞，專案討論主要用來：1. 蒐集資訊，這個時候要使用開放性問題為主。封閉式：10號房間可以用來開會嗎？開放式：哪一個房間可以用來開會？2. 求得共識，3. 決定行動。

定義階段總結：定義，放在前面可以讓公司內的專案經理、專案成員，以及其他部門的人都能夠了解專案的範圍與本質，從而增加專案成員的承諾，並且使公司的資源可以連結到需求的作業，這將會使得專案的目的、目標、結果、所需資源非常的清楚明白。

四、計畫階段

計畫階段，使得WBS的各個項目，都可以找到人負責，而且公司資源可以有效使用，在適當的時機，以正確的方法交到需要的人手上，讓計畫確實成功，機會能夠適時的把握，問題獲得解決。責任分派的時候，專案經理要能得到成員的承諾，就要先能滿足成員工作上的需求，專案經理要能夠向資源提供單位取得支援的承諾才行。 責任分派時，每一個項目都要有一個負責人，可以允許有協助者多人，正式承諾，在責任分派完成之後，就要蓋印，得到承諾是非常不容易的，工作分派要適合該單位及個人的能力，而提供的資源必須確認是有效的，所有的服務都要計算成本，計算多少成本都要確認過，專案經理是透過談判，才會得到承諾：要提供多少資源的服務，這個時候，專案經理是責任的分配者，他必須知道下列事項： 誰有資源可以來支援？誰有成功的關鍵資訊？誰的承諾對專案影響重大？專案經理在分派工作的時候，對於隊員，應該是誠心想要幫助他，而不能有秋後算帳的心態。

專案經理的選定，要愈早愈好，起碼在定義階段，或者計畫階段的早期就要決定，愈早才會有好的承諾，專案經理應該以全職為佳，除非專案真的很簡單，才能考慮兼職，做為一個專案經理他必須具有： 1. 建立團隊、指派責任、管理績效專案討論的能力， 2. 具備專案有關的知識以及技能， 3. 具備專案管理的技能， 4. 問題分析與下決策的能力， 5. 專案成功的承諾。專案當中，允許設立副專案經理，但是要在責任分派之後才來設立，一般在下列情況之下會設立副專案經理： 1. 太複雜的專案， 2. 缺乏關鍵性技術， 3. 支持者的要求， 4. 獨立事件單獨可以處理，例如管理手冊的update。

專案計畫中，時間是專案計畫的控制核心，簡單的計畫可以使用BAR chart，複雜的計畫一定要使用PERT才能掌控全局，PERT 的簡單做法：先從

WBS中得到工作清單，當然，一定要先把每一個人的工作劃分清楚，由每一個工作負責的人，來決定工作所需的時間以及每一個工作的先行工作是什麼，然後就可以把工作串起來，這就是PERT的網狀圖，圖中從開始到完成將會出現很多條的路線，而最長的路線就是工期，在電腦軟體發達的今天，PROJECT新的軟體將可以滿足我們工作上的需要，但是還是建議，先用手簡單的畫畫看，才能體會它的精髓。

掌握潛在問題與潛在機會，會提升計畫成功的或然率，當計畫完成之後，就可以發現那重要的15%工作，在關鍵路線上；在好多人一起做的工作上； 在缺乏資源的工作上；在對公司來說是新的工作上；將會很容易發現潛在問題以及機會，當然，要把它抓出來，仍然要靠專案團員的經驗以及智慧，問題以及機會找到之後，下一步驟，是設立預防措施，以及啟動裝置，才能保證萬無一失。例如，發生火災，如果判斷會由吸菸以及電線走火引起，那麼，就要規定不准吸菸的規則，以及電器安全的規定，並且嚴格執行，而萬一發生火災時的緊急灑水系統，急救措施的啟動，緊急逃生裝置啟動等，都要事先準備妥當。

資源的規劃：主要的資源是人力、設施以及設備等，在列出工作項目的時候就要知道，要由哪裡來得到資源，資源是一定要經由談判、追蹤、監控才能得到的，有了確實的資源掌握在手，才能計畫分派，當資源可能斷炊時，也要有採取應變的措施。計畫階段總結： 計畫，是專案的心臟，而經驗是做計畫時，最寶貴的資源，計畫階段，最要緊的就是，規劃WBS的每一個工作，讓它如期進行。

五、執行階段

執行階段請由下列問題來澄清： 1. 過程如何執行？ 2. 採取什麼行動使工作上軌道，讓機會最大化， 3. 我們要如何做？會學到什麼？

專案的監控重點是：從WBS以及計畫當中，得到正確回饋機制，以便差異發生的時候，馬上知道而採取措施。

監控的三步驟：設里程碑、分析情況、決定行動。

專案的修正，專案執行當中，因應環境的變化，必須做修正，以便專案可以在控制之下運作，在定義階段或者計畫階段都可以做修正的動作，WBS可以增減，責任可以調整，只要是為了專案能如期進行，專案的目標可以達成，手段的調整是正常的行為。

績效的分析，績效分析分為事前、事中、事後，主要是分析事前事後要採取什麼措施，來使預計要發生的事情發生，而預計不要發生的事情不要發生。

結案及評估，結案報告主要扣緊兩件事情來發揮：在專案中我們做得有多好？優點在哪裡以及在執行當中我們學到了什麼？如果再來一次會做的更好嗎？以什麼方式？為什麼？在知識經濟的時代，結案報告是公司非常重要的知識來源，benchmarking以及best-practice是兩支最有力的支柱，21世紀贏家的必備法寶，而它正好與結案報告連在一起，經驗的分享可以藉由下列方式來達到：資訊分享會議、執行摘要、內部刊物內部公告等。 結案報告的內容也很簡單： 1. 預算有沒有超支？ 2. 專案目標達到了沒有？ 3. 組織從專案當中會學到什麼好方法， 4. 分享學習，將會使組織成為學習型組織， 5. 潛在問題以及機會的發覺，是要靠過去的經驗而來的， 6. 不能記取教訓者，常常會重複過去的錯誤。

執行階段總結：在定義以及計畫之後，執行階段展現了成果，一般專案，都是牽涉到比較大的投資，因此效益也大，專案管理，因為方法的有效，即使簡單的方案，也可以顯現不錯的利益，沒有高技術的人，依舊可以把專案執行得很有效率，是因為它把整個專案分成三個階段，這是通往成功最好、最有效的方法：把資源有效的分配給各個工作，以達成目標，提供一個有效的方法來發現潛在問題及機會，而里程碑的設立，把人們因懶惰習慣而造成的損失減少到最低。

六、總結

專案管理的進程，是一個動態可行的過程，它可以依照：專案複雜的程度或者成員的不同，而選擇其內容，為了確保專案的成功，進度與資源的搭配是重點的所在，而潛在問題、潛在機會的把握，以及人員的適當配置，則是主要的著眼點，把專案的成果與KM管理連結是21世紀的新趨勢。

七、專案管理簡例

房屋整修事件，是一個典型的專案管理事件，因為人們常常是一生只做這麼一次，也往往是臨時起意，下面是一個簡單又有效的程序，值得你用心來體會。

依照專案程序

第一步——定義

把本次專案做任務宣告：要花多少時間（time）、多少費用（cost）、達到什麼結果（performance）確認清楚並寫下來，然後跟工班確認要投入多少資源（主要是人力及原物料來源）。

第二步——計畫

請工班把需要的工作分項（WBS）寫出來（附上開始、結束時間以及需要的工期），如果與時間座標連結就會成為bar-chart進度表，把分項工期加總就會得到總工期，這時候可以核對第一步的任務宣告，看看是否符合需求並修正之。

第三步——執行及監控

把重要分項的完成日期，以及你認為會影響工期的地方，設為監控點〔里程碑（milestone）〕以便監控進度。

建議開工之後，把進度表貼在工地牆上，隨時讓施工者也可以看到進度，設一本監工紀錄簿（依日期作流水紀錄），買一本A4筆記本，每天一頁或每兩天一頁，請工班每天有上工就記錄，記錄日期、到場人數及施工項目等。

負責人要抽看紀錄並且追蹤之，在監控點的日子一定要核對（check）進度以便隨時修正之，修正措施要寫在紀錄簿上。

工程完成之後，要做結案報告，結案報告主要是與任務宣告做一個對照，紀錄做得好的與需要改進之處，並形成你自己的一個知識庫（下一次要做得更好的依據）。

以上的知識（你有實際做過一次才叫知識）你可以拿來當做與別人分享以及指導專案時很好的案例。

第八節　xx食品有限公司章程範例

第一章　總　則

第二章　投資公司

第三章　公　司

第四章　投資總額與註冊資本

第五章　公司經營宗旨與範圍

第六章　董事會

第七章　管理機構

第八章　勞動管理、社會保險

第九章　工會組織

第十章　稅務、財務、外匯

第十一章　利潤分配

第十二章　保　險

第十三章　經營期限、解散與清算

第十四章　適用法律

第十五章　生效與其他

第一章　總　則

依據「xxx共和國外資企業法」及x國其他有關法規，「xx企業有限公司」（以下簡稱「投資公司」），擬在xx市設立「xx食品有限公司」（以下稱「本公司」）。為此特制定本章程。

第二章　投資公司

法定名稱：xx Enterprise LTD.,（xx企業有限公司）

法定地址：維京群島

聯繫地址：台北市xxxx

電　　話：　　　　　　　　　　傳　真：

法定代表人：

國　籍：台灣

職　務：董事

第三章　公　司

第3.1條　法定名稱：xx食品有限公司

地　址：xx市

法定代表人：

國　籍：台灣

職　務：董事長

第3.2條　xx公司為具有xx國公司法人資格的外資企業，投資公司以認為的註冊資本為限，對公司承擔責任，公司以全部資產對外承擔責任。

第3.3條　公司的合法權益受xx國法律的保障，一切活動必須遵守xx國的法律、法規，不得損害xx國的社會公共利益。

第四章　註冊總額與註冊資本

第4.1條　公司投資總額為xx萬美元；註冊資本為xx萬美元。

第4.2條　出資方式：現匯xx萬美元，進口設備xx萬美元。

第4.3條　投資公司的註冊資本應在公司經xx國審批機關批准後，簽發工商營業執照之日起六個月內匯入公司在xx開設的銀行帳戶。

第4.4條　公司註冊資本到位後，聘請x國註冊的會計師驗資和出具驗資報告。驗資報告須報政府有關部門備案。

第4.5條　在經營期內公司不得抽回註冊資本。

因經營需要調整註冊資本時，須經本公司董事會會議表決同意，並報原審批機關批准後，向工商行政管理機關辦理變更登記手續。

第4.6條　公司在經營中，根據需要並報原審批機關批准，投資公司可以轉讓股權，公司可以分立、或和其他經濟組織合併。

第五章　公司經營宗旨與範圍

第5.1條　經營宗旨：合法經營永續發展。

第5.2條　經營範圍：調味食品加工、 常溫調理食品、餐飲食品等之生產、銷售及行銷服務。

第5.3條　經營區域：行銷x國各省市區域及國際友好國家。

第六章　董事會

第6.1條　公司設董事會，董事會是公司的最高權力機構，決定公司一切重大問題。公司註冊成立之日即為董事會成立之日。

第6.2條　董事會由x人組成，由投資方委派。設董事長一人，董事x人。

董事長是公司的法人代表。董事長不能履行職責時，應授權其他董事代表公司行使職權。

第6.3條　董事會職權：

1. 制定和修改公司章程。
2. 制定公司的發展規劃及經營方案。
3. 決定公司註冊資本的調整和轉讓。
4. 決定工資總額、福利和獎懲等制度。

5. 審查經營狀況財務預算和決算。

6. 決定利潤的分配和虧損的彌補辦法。

7. 任免公司總經理、副總經理、總工程師、會計師和其他高級管理人員及確定其職權和待遇。

8. 討論公司的合併、終止和解散。

9. 負責本公司終止時的清算工作。

10.討論決定本公司的其他重大事項。

第6.4條　董事會會議應每年召開一次。如經三分之一以上董事提議可由董事長召開臨時會議。

第6.5條　董事會會議由董事長召集並主持，如董事長不能出席時，應授權一名董事代理並主持董事會會議。

第6.6條　董事因故不能出席董事會會議時，可以書面委託代理人出席董事會，如屆時未出席也未委託他人出席，則作棄權。

第6.7條　董事會會議應有三分之二以上董事出席方能舉行。

第6.8條　每次董事會會議均應詳細紀錄，並由出席會議的全體董事簽字。會議記錄用中文書寫，由公司存檔備查。

第6.9條　董事會對公司重大問題的裁決，應採取出席董事2/3通過為原則。

1. 公司章程的修改。

2. 公司資本的調整、轉讓。

3. 公司分立或與其他經濟組織的合併。

4. 公司終止。

第七章　管理機構

第7.1條　公司日常經營管理實行總經理負責制，公司設總經理一人，副總經理若干人（視經營需要而定），總經理副總經理由董事會聘任。

第7.2條　總經理直接對董事會負責，執行董事會各項決議，組織和領導本公司的全面經營活動，副總經理協助總經理開展工作。

第7.3條　總經理的職責：

1.貫徹執行董事會的決議。

2.組織和領導公司的日常經營管理。

3.在董事會授權範圍內，代表公司處理業務，對內任免下屬管理人員。

4.負責董事會授權的其他事宜。

第八章　勞動管理、社會保險

第8.1條　公司雇用x國員工應按x國有關法律和勞動管理的有關規定辦理，依法簽定勞動合同，並在合同中訂明雇用、解雇、報酬、辭職、工資、福利、勞動保護、勞動保險、勞動紀律等事項。

第8.2條　公司的職工按照xx市政府的有關規定，參加養老保險，醫療保險及其他社會保險。

第九章　工會組織

公司的職工有權按照「xx國工會法」和「xx國工會章程」，依法建立基層工會組織，開展工會活動，以維護職工的合法權益。公司應當為工會提供必要的活動條件。

第十章　稅務、財務、外匯管理

第10.1條　公司依照x國法律和有關稅收的規定繳納各種稅金。

第10.2條　公司職工收入按照「xx國個人所得稅法」繳納個人所得稅。外籍員工的工資收入和其他正當收入，依法繳納個人所得稅後，可以匯往國外。

第10.3條　公司繳納所得稅後的利潤，按照「xx國外資企業法」的規定，可以匯往外國。

第10.4條　公司的會計制度，按照xx國的有關財會管理制度執行。

第10.5條　公司是獨立經營企業，在x國境內設置獨立的會計帳簿，進行獨立核算、自負盈虧，依照規定報送會計報表，並接受財政稅務機關的監督。

第10.6條　公司的會計年度為西曆年制，即西曆1月1日到12月31日止。

第10.7條　公司的年度會計報表、清算報表聘請在x國註冊的會計師、審查、稽核，並將審查結果報告董事會。

第10.8條　公司的外匯事宜，依照x國國家外匯管理規定辦理。

第10.9條　公司在xx有關銀行設立帳戶。

第十一章　利潤分配

第11.1條　公司從繳納所得稅後的利潤中提取國家規定的各項基金，提取的比例由董事會確定。

第11.2條　公司依法繳納所得稅和提取各項基金後的利潤向股東進行分配，分配比例由董事會確定。

第十二章　保險

公司的各項保險均在x國設立的保險公司投保，投保險別、保險價值、保期等由公司與保險公司商定辦理。

第十三章　經營限期、解散與清算

第13.1條　公司的經營期限為五十年，從公司登記取得營業執照起計算。

第13.2條　公司經營期滿後，可以向原審批機構申請延長。公司的解散，應由董事會提出清算程序，並組成清算委員會進行清算。公司對外清償債務後的剩餘資產，歸公司的投資公司所有。

第13.3條　在下列情況下，公司解散：

1.經營期滿，董事會不同意續辦時。

2.公司發生嚴重虧損，無力繼續經營。

3.公司發生自然災害、戰爭等不可抗力造成嚴重損失，無法繼續經營。

第二、三種情況下，應由董事會提出解散申請書，報原審批機關批准後方可生效，公司解散時的清算事項按第13.2條的規定及x國有關法律和規定辦理和執行。

第13.4條　公司在清算結束後宣布解散，並向行政管理機關辦理註銷登記手續，繳銷營業執照。

第十四章　適用法律

公司章程的訂立、生效、解釋、變更和爭議的裁決均以xx國法律為依據。

第十五章　生效與其他

第15.1條　公司章程由投資公司法定代表人正式簽署後，報x國政府審批機關批准之日起生效，其修改時同。

第15.2條　本章程未盡事宜，經董事會同意可以修改補充，並報原審批機關批准備案，經修改補充的條款，作為章程的有效附件。

第15.3條　本章程以x文版本為有效文本。

第15.4條　本章程正本三本，副本若干本，正本與副本具有同等效力。

投資公司：

（蓋章）

法定代表人：　　（簽字）

第九節　中小企業設立公司輔導範例

1. 輔導緣由

H家族早期在xx從事食品製造販賣事業，在政府開放投資以後，相繼到海外投資事業。對於大陸事業，不敢冒然投入。經過家族會議多次討論，決定聘請專業經理人做初期的經營負責，並且聘請顧問為專業顧問，從事模式建立輔導。

2. 公司基本資料

xx食品有限公司是經由BVI群島投資控股獨資的食品公司，初期選定開發發酵乳酸飲料、果汁乳及優酪乳為主要產品，工廠位於xx近郊的開發工業區內，以租用既有廠房及公用設備來營運，以減少初期固定投資額，保留較多的資金為營運使用。

公司名稱	xx食品有限公司			負責人：
公司地址	xx市漿洗街			電話：
工廠地址	xx市海峽兩岸科技園			電話：
創立時期	x 年 x 月		資本額： xx 萬美元	
資產總值	xx 萬人民幣		土地／廠房面積：xx畝／xxx m^2	
員工人數	合計： 人	大專： 人	高中： 人	國中／小： 人
營業額	年： 萬人民幣			
主要產品	發酵乳酸飲料、果汁乳、優酪乳			
主要原料	奶粉、砂糖、食用香料			
主要設備	調配桶、發酵槽、印刷機、充填機、收縮機			
主加工過程	調配→殺菌→罐裝→冷藏			

① 組織圖

xx食品有限公司 人

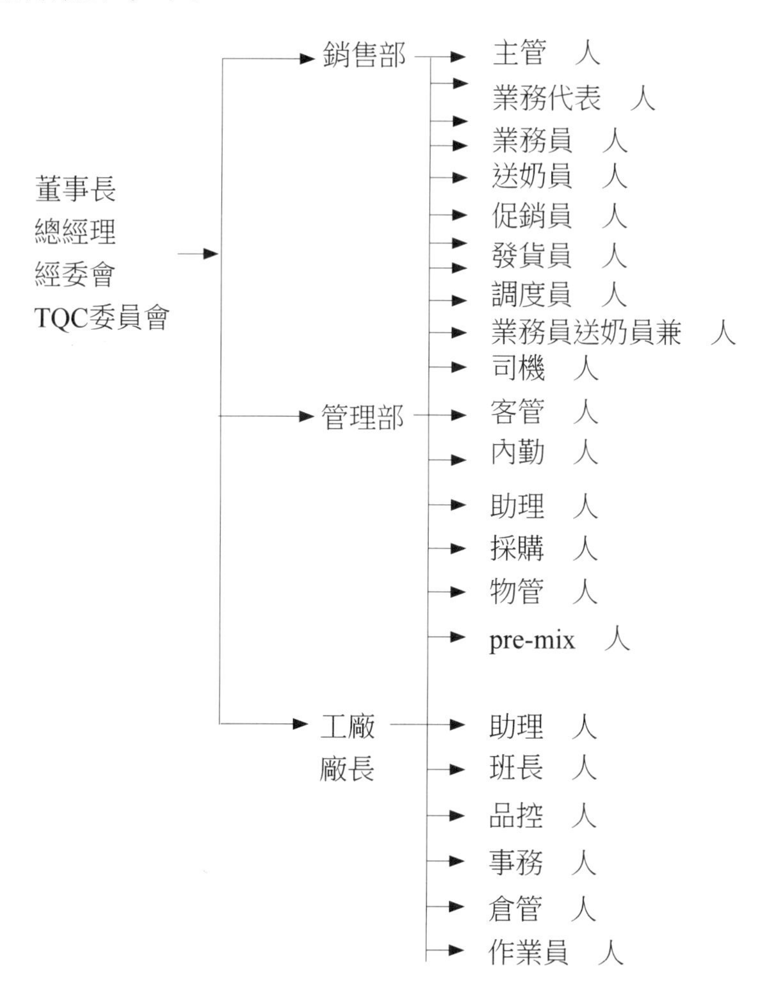

② 輔導計畫

從零設立一個公司，並且導入經營模式，在已經有一定規模的公司，可以駕輕就熟，因為有很多既有資源可以使用。但對一個只有資金的公司，尤其是遠至人生地不熟的地方，則可謂困難重重。

為了能夠有效的達成目標，委託有經驗的顧問來協助，是一條最便捷的方法。本次輔導案，捨棄傳統大公司的方法，大公司因為資源雄厚，往往先在公司內成立一個專案小組，集合各專業人才來運作，大公司總是會設定一個不小的規模（規模太小拿不出去），才符合公司的長期利益，當公司正式運作之後，如果市場面可以接受預定情形，不太離譜的話，在公司雄厚資源的支援之下，往往可以有很大的收穫。但大部分的情形，是市場不如預期的好，此時公司內會有一種反對的聲音出現，如果無法擺平，則可能中途停止。如果能夠繼續支援，損益平衡點，也往往需要較長的時間才能達到。中小企業如果碰上這種情形，大部分會選擇認賠了結。

本次輔導引用，早期外商在臺灣的成功模式，它的特點是：

(1) 先選定總經理。

(2) 設立可以馬上損益平衡的規模。

(3) 儘量保留資金做為運轉之用。

③ 公司設立順序

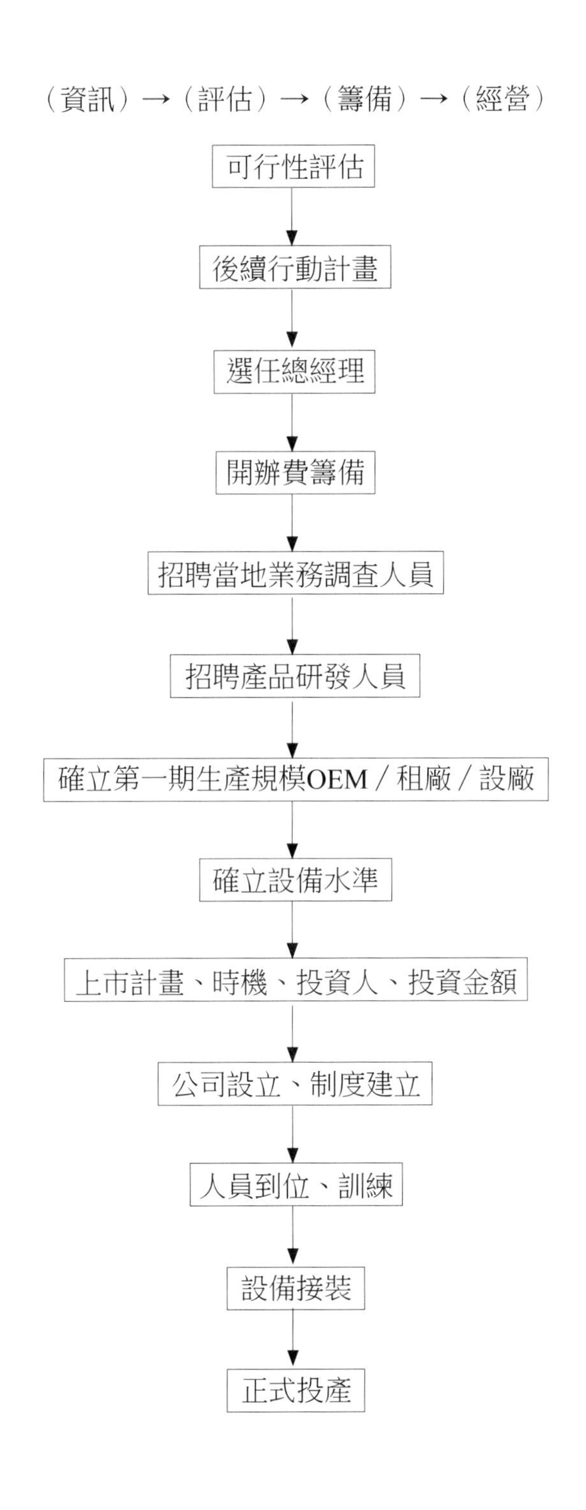
（資訊）→（評估）→（籌備）→（經營）
可行性評估
後續行動計畫
選任總經理
開辦費籌備
招聘當地業務調查人員
招聘產品研發人員
確立第一期生產規模OEM／租廠／設廠
確立設備水準
上市計畫、時機、投資人、投資金額
公司設立、制度建立
人員到位、訓練
設備接裝
正式投產

3. 輔導專案執行說明

(1) 選任總經理輔導

①輔導前狀況

總經理是一個公司的靈魂，選對了總經理等於事業成功了一半，早期H家族是以大公司的方式來做海外投資，有一幫專案小組負責籌備事宜，完成之後再由公司內部選派總經理，而等總經理到任之後，往往會有不一樣的看法存在。修正在所難免，也增加了磨合期。

②輔導措施

本次先由家族開會討論聘請總經理，資格條件是要曾經在海外歷練過，而且對計畫的投資、品項有經驗。最好是經歷過公司初期建廠工作者尤佳。經顧問多方查詢，找到曾經在H家族的台中廠參與早期建廠工作的舊同事，他曾經在xx參加過投資建廠、生產管理及經營的工作，經H家族創辦人親自多次懇談，溝通經營模式，由H家族出資本委託經營，並請他提出經營構想，經過H家族確認之後，展開籌備工作。

③輔導效益

因為選任正確，籌備工作事半功倍，尤其在人地生疏，資源不充分的地方，尤其突顯其工作效率。

(2) 預支開辦費輔導

①輔導前準備

雖然H家族已經做過可行性評估，因為時間不是很充裕，很多資料來自假設。尤其銷售預估不但時間變數大，空間的不同，也會引出很多想不到的變數。

②輔導措施

為了慎重起見，顧問建議再花一些開辦費，實際在現場展開調查工作。並且把開辦費列為前期工作。如果調查工作後，發覺差異太大，也可適時停止。H家族內，原就有兩種不同意見，因此開辦費的預借措施，剛好可以滿足雙方的想法。

③輔導效益

開辦費的主要內容是在預定投資的地區，做當地市調及做產品評估，以確認產品的可行性。開辦費的預支使得籌備工作格外順利。

(3) 招募業務調查人員輔導

①輔導前狀況

H家族早期到海外投資以合資為主要手段，因此常常是合資公司早已運作進行中，但市場的敏感度不足，往往造成盲目擴充的主要原因，業務人員報到之後馬上進入實戰狀況，對於前期調查工作尤顯不足。

②輔導措施

本次輔導案，特別把業務的市場調查，利用開辦費招募當地員工來做，一方面當地員工薪資比較低，二方面可以深入基層，做比較實際的調查工作。對於實際生產後，可能碰到的行銷問題，可以預先設想來應付。

③輔導效益

本次對於訂戶及學校做了比較深入的調查，有助於這兩個主要經路的推展工作。

(4) 招募開發人員輔導

①輔導前狀況

H家族早期到海外投資，以一面生產銷售一面研發為主要手段。

②輔導措施

雖然已經有生產的經驗，技術上不是問題，但是為求能符合當地口味，在開辦費中，也列入小型實驗的費用，以便能實地做出產品來品評。

本次招募兩位當地員工，並且借用當地廠商的品管設備，進行產品的定位實驗及品評。對於產品生產技術也比較有信心，實驗設備除了由臺灣進口小型均質機之外，其餘設備都在成都向當地廠商借用，小型均質機，將來仍可移作新產品開發之用。

③輔導效益

試作品評的結果符合當地口味，也建立了業務的信心。

(5) 確認投資規模輔導

①輔導前狀況

H家族早期到海外投資，以大公司做法，先設立一個比較有經濟的規模，再全力衝刺。

②輔導措施

在試製造過程當中，同時進行OEM及租廠的查訪，中小企業資源不甚豐厚，最穩當的投資方式是由市調資料中，設定初期有把握的銷量，做為第一次生產的規模，雖然家族創辦人以本地養樂多的現狀銷量200萬瓶／天，來反推當地市場，認為潛力很大，初期要求20萬瓶／天為目標，但在實際調查中發現，現階段當地的乳品市場仍然比本地差異很大，經由當地業務調查人員的實地作業之後，由總經理召集業務人員，經過多次討論，提出先以5萬瓶／天之量產規模，看起來規模不大卻是個很實際的規模。

③輔導效益

以5萬瓶／天為初期量產規模，事後證明是個明智的決定。

(6) 確立設備輔導

①輔導前狀況

量產規模確定之後，設備的水準要跟著確立，乳品是個相當成熟的產業。世界上最先進的設備首推歐洲的APV及lavel，其次是美國或義大利的乳品設備，即使本地的設備廠商之設備，也都比當地的設備貴很多，因為公司在創立期，能投注太大預算在固定投資，宜保留大部分資金用於營運才好，以往，H家族設備以進口為主，起碼也要以本地設備來生產，才會有設備優勢。

②輔導措施

本次特別在顧問建議之下，展開對當地既有乳品設備的調查工作，不預設立場一定要進口設備，以實用及實績兩項為選擇標準。

③輔導效益

經調查之後，桶槽設備以xx地區廠家在當地設有分公司者為首選廠家，塑瓶初期外購，整瓶機及印刷機，本地製品比當地來得便宜，選用本地進口品，充填包裝機選用在當地地區，同業有使用實績者，經過詳細評估，把預定的設備投資預算260萬元人民幣，壓低至約220萬人民幣，試車結果也相當順利。

(7) 提出上市計畫書輔導

①輔導前狀況

H家族以前投資均以自己設廠為主，有生產導向的走勢，尤其在生產技術一向領先的H家族，更容易落入生產導向的迷思。

②輔導措施

量產規模決定之後，採用OEM或者租廠生產做比較，OEM可以把所有資金集中用於營運使用，因為不必固定投資，因此損益平衡點可壓低到2.5萬瓶／天，為顧慮生產技術的外流，以及兼顧家族成員有人已經在當地投資的事業之運作，最後選定向其租用廠房及公用設備的方式，做為投資標的，以符合家族最大利益。

③輔導效益

提出的上市計畫書，總投資xx萬US，損益平衡點為x萬瓶／天，考慮冷藏品的淡旺季影響，選擇xxxx年3月正式上市，希望在xxxx年旺季達到目標。

(8) 公司成立及制度建立輔導

①輔導前狀況

本項可以說是顧問的重頭戲，以往H家族因為在本地有既成的制度也有人員可以事先建立，總是在公司成立之後，由本地帶來整套制度使用，因為本地人員所擬定的制度，有時與當地情形會有所出入，因此，常常需要一段時間來磨合。

②輔導措施

本次是由顧問及本地公司既有人員，指導當地員工來建立財務會計制度，其餘的生產銷售及管理制度，由顧問負責指導當地幹部來完成。

首先引進「標準製造法」制度，結合ISO9000的精神來發展一套簡單有用的制度。標準製造法，由成品的規格及檢驗方法、投入（原料）的規格及檢驗方法、標準製造法等三大項組成，標準製造法則由配方、流程及管制基準組成，注意事項中要列出在安全上、品質上、及操作上有顧慮的地方，整套標準製造法就是公司生產技術所在。

業務及管理部門的作業標準書，比較少人著墨，本次特援引生產作業標準書模式，導入業務及管理部門使用，可以說是首先嘗試，生產部門是以產品為標的來寫作業標準書，管理部門則以工作別為標的來寫作業標準書，業務部門則以經路為標的來寫作業標準書。作業標準書的寫作當中，是以程序書為主軸，有了程序就有次序，寫起來才不會走樣，而投入及產出的規格及檢驗方法，雖然不容易定義，卻是很重要的專案，不能省略。

③輔導效益

經過多次討論溝通（xxxx年11月～次年1月）終於把作業標準書完成草案，可以據以遵循使用，除了生產超級順利之外，管理及銷售也都順利上軌道，等正式投產及營運中，將會再修正以符合實際情況。

(9) 人員到位及訓練輔導

①輔導前狀況

人是一切的基本，卻也是花費最多資源之處。人一旦到位，就會發生費用，人一旦到位卻也可以發揮作用。H家族到海外投資， 都以合資既有公司為主，不存在人的到位問題。

②輔導措施

本次由總經理先到位，接著管理主管到位、業務主管到位，展開實地設立公司及市場調查為主。並且由主管決定人員到位進度，以及各項作業標準的準備擬訂、討論。當設備實際訂貨之後，廠長報到，展開設備安裝及人員招募訓練事宜。因為總經理為生產出身，前段的設備選用，由總經理負責，否則廠長應與業務、管理主管同時報到以便準備設備事宜。人員到位之後的訓練培訓是個重點，以往公司常常使用經驗傳承法，不論設備由廠商處傳承，或者管理由主管傳承，都是以人為主，本次除了人之外，特別引進「作業指導書」制度，以便對新進人員提供足夠的指導。指導書要簡單有效才容易達到目的。指導書由下列兩要素組成，其一是圖面，圖面要與現場現物一模一樣，即使方向也要一致，要能讓新進人員，看到圖面就好像在現場一樣。另一個要素是作業說明書，說明書要表格化以便容易了解。

操作的原理目的，也要一併說明清楚。操作的細節要一步步可以跟隨去做。每個人操作的結果都要能一致才算完成。

說明書也要把注意事項列在最後。注意事項當中，要把安全上、衛生上，及操作上特別要知道的事情列出來。指導書的圖面及說明書都只能以A4紙張各寫一頁，不能太多，以便能簡單明瞭。

③輔導效益

經過以上的歷練，新進人員都能在最短時間內，由生手變成熟手， 生產人員雖然全部是生手，卻可以在第一次生產，就做出超品質（益生菌數）的產品，可以證明訓練的有效性，當然指導書也不是一成不變的。當環境設備有了改變，作法也要跟著改變的。

⑽ 設備安裝輔導

①輔導前狀況

設備是除了人及作業方法之外，一個公司經營重要的因素。設備由不同廠家負責制造，送到工廠之後，安裝組合成一條生產線。往常H家族喜歡由一個設計廠家承包交鑰匙工程。工程費用比較高，相對的影響損益平衡點。

②輔導措施

本次分由不同廠商製作之後，交到工廠組裝。不同設備的結合要事先聯繫並且確認，同時試車安裝時要能互相配合，才能順利。本次安裝時間適逢農曆過年，為求順利。要求廠商在過年前10天送到工廠假組裝。過年之後，實際試車，剛好可以在3月上市。

③輔導效益

本次由顧問教導，由當地幹部使用專案管理的方法，不但使工程提前2星期完工，也教會當地幹部使用專案管理的手法，對以後公司的各項專案工作起到一定的效用。

第三章

工廠組織與生產管理

第一節　工廠組織

第二節　生產組織的句型

第一節　工廠組織

一、工廠組織的意義

組織（Organization）就是一個機構的各部門與人員，依照工作的性質與任務，作職務上的分配，及相互之間之協調與配合。完善健全的組織能發揮工作效率，以達成組織的目標。

近年來企業發展快速，不論工廠規模大小，內部的工作與對外的業務，都此須借重良好的組織，使廠內各個人皆能發揮分工合作，以提高生產效率，降低生產成本。

工廠集合多數人一起工作。如何使這些人力資源有秩序的發揮工作效率？

1. 以人為中心，組合工廠其他生產要素（財、物、事、設備），以便有效地推展生產管理，完成經營目標。
2. 不僅涉及職位、層級等結構的設立，且要建立相互間關係。
3. 完成指揮監督，與協調合作系統，使目標更積極、更容易達成。

二、組織的型態

因生產的特性及規模大小不同而有別：

（一）按作業功能別而建立

依此建立不同的部門——分工、專業為目的。特點是：

1. 單純、安定、特定的作業職責。
2. 內部專長相同，監督、管理簡單。
3. 每一個人對本身任務與工作了解深刻。
4. 各部門所負的職責範圍狹窄。

5. 作業需經常與其他部門協調、合作。
6. 權責較不明確只重視本部工作的達成。

（二）按作業目標別而建立

例如：產品、生產線。所設職位可能有許多不同的專長，擔任不同的作業，特點是：

1. 有共同目標方向，一致完成一項產品，職責分明。
2. 主管有職權安排作業，監督較能貫徹實現。
3. 不太需要與其他部門協調、合作。
4. 內部向心力提升，則工作賣力，績效好。
5. 缺乏協調性，易傾向獨善。
6. 主管的職權較大，要具較多專長，負擔重。

（三）綜合式

如果工廠規模較大，則不太可能完全採上述單一組織法, 規模較大者，其上層組織大都以作業目標別而建立，而下層組織，大都以功能目標別而建立，如此可達成權責分明，發揮專業分工的效果，這種方式較理想，我國工廠大都採用。

三、製造業的類型（Types of processing）

製造工業的作業方式是投入原料經過加工處理後有成品產出其製造過程依不同的運作方法可分成下列：

（一）連續程序工業（Continuous process industry）

生產程序不能片刻停止的一種製造工業。

1. 合成連續程序：以各種不同原料，共同製造成一種產品。
2. 衍分連續程序：原料經過製造，衍分成多種產物，其一為主產品。

（二）中斷程序工業（Interruptible process industry）

1. 程序可做短時間停工。
2. 停工期間除部分人工與設備閒置外，其工業不致遭受全面損失。

（三）斷續程序工業（Intermittent process industry）

有定貨時，產品才生產，安排上較複雜，因生產兼有上述二種方式。

食品加工業屬於上述三種的哪一種？因為食品加工業的種類很多因此各有所屬。

四、生產組織的事例

食品工廠組織一般架構

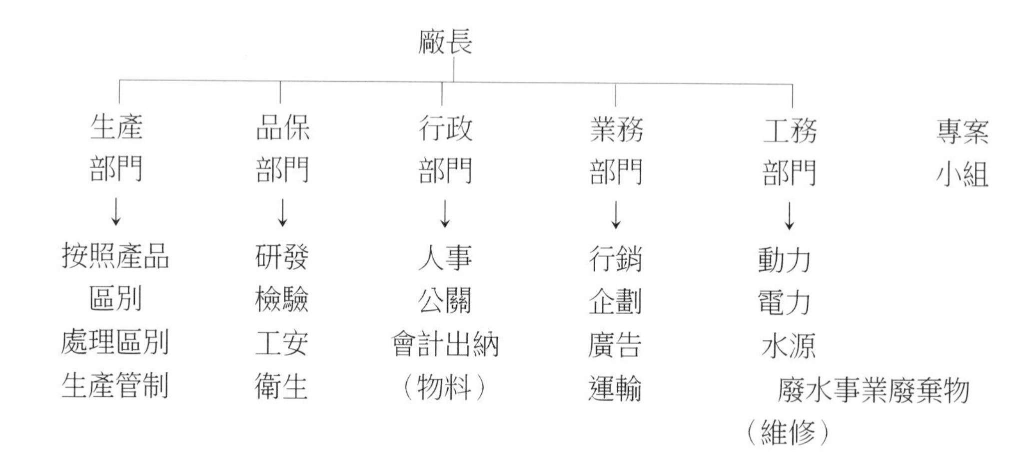

食品工廠各部門的組織特點介紹如下。

1. 生產部
   (1) 比其他部門從業員多（一般來說）。
   (2) 管理機能較複雜。
   (3) 特徵：擁有部屬。

2. 生產管理課：最直接影響生產

(1) 生產計畫：針對工作方法、工作時間進行具體設計。

(2) 生產管制：訂定作業程序，有效管制人力、物力、財力。

(3) 成本計算：採取適當迅速行動，使能掌握製造成本。

(4) 銷售、總務：也都直接、間接有關資財、設計。

3. 品管：為生管之一環，但以產品檢驗為主，有時設定檢驗基準。

4. 輔助性組織

屬於非正式性的組織，目的是為謀求人性化，生產合理化。這種組織一般的設置是：

(1) 委員會

當工廠規模漸漸擴大，組織也趨複雜，各命令系統間，生產與幕僚意見不一致，聯絡系統不順暢，組織內部容易產生摩擦，使工廠的生產難以順利推動，而非正式性的組織可以幫助運作。

委員會組成的組織有下列基本功能：

①可促進互相支援提高工作效率。

②可協助工作指揮權得下達。

③可彌補正式組織的不足。

常見的輔助性組織種類有：製程協調會，組長會議，品質管制委員會以及職場聯絡會。

(2) 企劃小組

正式組織之外，欲改善問題，工廠另設具有某一特定目標的小組，其功能為：

①新產品開發。

②新工廠設立。

③製程重大改變、布置。

(3) 提案制度

由全體員工提出意見，廣泛尋求見地，以獲得具體改善的方法，具提升全員參與經營意識之功效。

①注意事項：一般認為此制度不易持續。

②關鍵：予制度化，各作業員所想到的方案要書面化，並予肯定與表彰。有時簡單的構想也可能是一種啟示。

(4)顧問制度

這包含技術專家，企業診斷顧問以及經營顧問，屬於公司由外部聘任，提供公司技術指導。

五、生產組織架構

A公司生產組織的事例

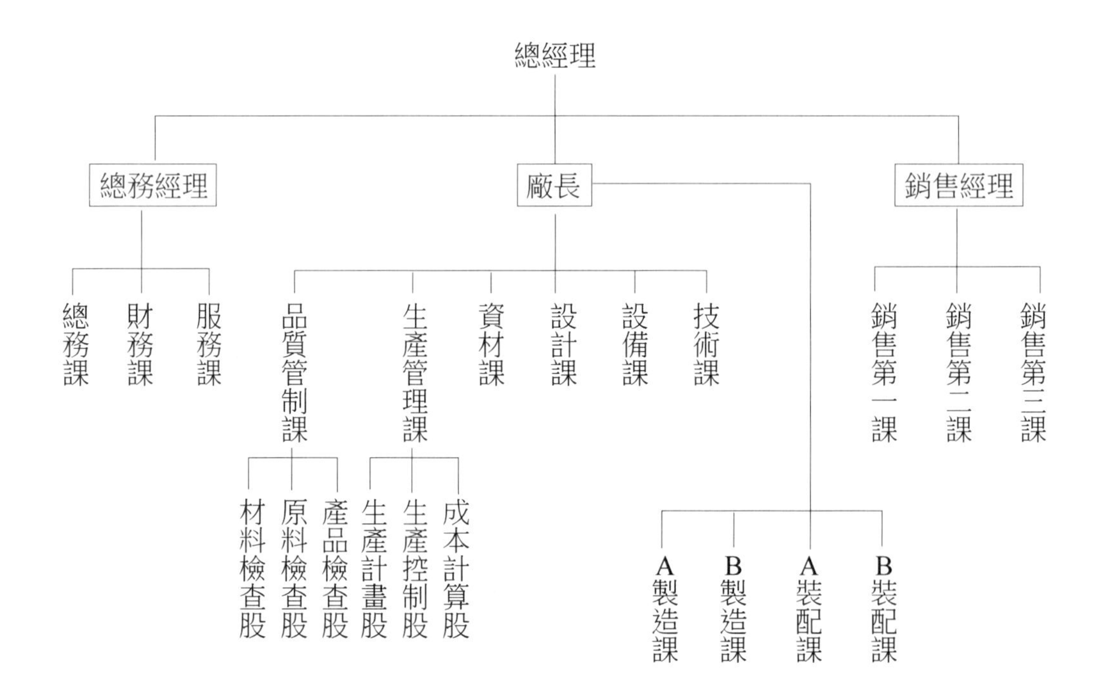

六、組織的原則

為了執行計畫，將工作整理分類後，分配給每一部屬並賦予應有的權限與責任，使期能有效地推展生產管理。

大型企業：產管區分層次多，權責關係明確，管理步驟一目了然。小型企業：常缺職能劃分，只依高階經營者本身的記憶。

為了組織營運順暢，應對組織的原則充分理解，分為：

1. 命令系統的原則

   設計時，需明確化，由一個主管直接發出命令經一個部屬。

2. 責任與權限的原則

   每人對其職務應明確，並為了能執行其職務，必須給予其一定的權限才行。

3. 職務分配原則

   需遵守

   (1) 避免遺漏或重複。

   (2) 相同或類似工作應整合分配。

   (3) 配合個別能力，進行工作分配。

   (4) 勿將一項工作細分給多個部屬。

4. 授權原則

   在自己的責任與權限範圍內，將其權限的一部分授與部屬，使組織有彈性，並能提高勞動意願。

5. 控制範圍的原則

   一位管理者能管理監督的部屬有限，故應依其職務內容做充分檢討。日常業務15～30人，不同性質工作3～7人較為適當。

   良好的企業組織能達到如下的效果：

   (1) 將人依其能力賦予職務與權力，以盡到應該的義務。

   (2) 不因人設位，而以虛位以待人。

   (3) 賞罰分明，各盡其責。

(4) 人性化——同理心，將心比心。

(5) 樂在工作。

七、一般工廠職位職掌

生產單位中，高階主管與低階主管的職務內容，就管理工作的性質而言，在比重上有很大的差別, 如圖3-1所示：

1. 高階主管：

(1) 操作性技能、專業技術（能做）約占10%。

(2) 人際關係、溝通協調（能說）約占20%。

(3) 概念及設計性、企劃及決策（能寫）約占70%。

2. 低階主管：操作性技能占(1)70%，溝通協調占(2)20%，但也需有企劃決策的能力(3)，約占10%，由低階培養至高階，最後是概念性管理。

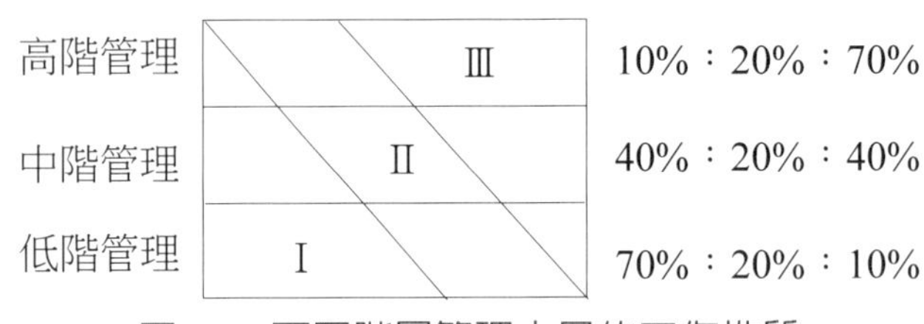

圖3-1　不同階層管理人員的工作性質

組織結構的組成方式, 是將工作流程的每個項目或階段分離，讓不同的員工負責，而不是讓每位員工做一件完整的工作。Adam Smith的國富論（Wealth of Nations）提到要有效利用員工的各項技能：每項任務都有一部分需要高技能，其他部分僅需低技能。例如：開心手術後，由實習醫生縫合。這樣可能提高生產力。人性的不經濟（human diseconomies）：無聊、疲勞、壓力、低生產力、低品質、高缺勤、高流動率等。工作擴大化才能提高生產力。

表3-1是某工廠的組織職掌之事例，依照如此編制，每個管理者都明白自己在職位上的的任務，也依照這組織所賦予的職權，充分發揮個人的才能，同時也

可以檢討部署所負責之工作的適性與表現，如此則工廠的生產機能可以得到最大的效果，企業營運自然永續成長。

表3-1　一般工廠組織職掌之事例

職　責	職務分配	實務比例%
廠　長	1.大日程計畫的擬定	20
	2.中日程計畫的實際檢討	15
	3.品質的判定，擬定不良之對策	10
	4.申訴之處理	5
	5.預估成本	25
	6.安全管理的整合	20
生產管理課長	1.生產計畫的擬定	25
	2.部門間的調整	15
	3.製程檢查與進度的控制	15
	4.製程會議	25
	5.品質管制之指導援助	20
生長管理股長	1.工作改善負責事物	20
	2.生產計畫之變更、實際之求算	35
	3.效率、成本、資料作成，對策之擬定	10
	4.品質統計資料之製作	35
組　長	1.工作分配	20
	2.標準工作之指導、實行	30
	3.供作改善	30
	4. 機器、工具的維護	10
	5.材料分配	10

第二節　生產組織的型式

一、組織的型式

工廠內部生產運作，通常有下述幾種：

（一）直線型組織

直線型組織結構又稱金字塔式，或傳統式組織結構。所謂「直線」是指在這種組織結構下，職權直接從高層開始向下「傳遞」，經過若干個管理層次達到組織最底層，也就是作業員。其特點是：

1. 組織中每一位主管人員對其直屬下層擁有直接管理權。
2. 組織中的每一個人只對他的直屬上級負責或報告工作。
3. 主管人員在其管轄範圍內，擁有絕對的或完全職權。即主管人員對所管轄的部門的所有業務活動行使決策權、指揮權和監督權。

這種組織結構如圖3-2所示。

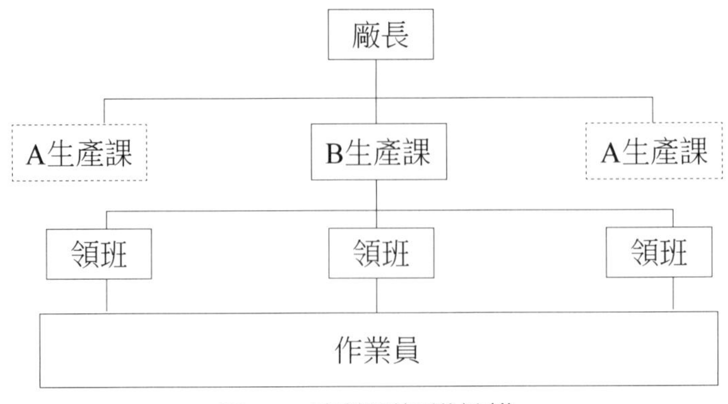

圖3-2　直線型組織結構

直線型結構的組織形式是沿著指揮鏈進行各種作業，每個人只向一個上級負責，必須絕對地服從這個上級的命令。直線結構適用於企業規模小、生產技術簡單，而且還需要管理者。

直線型組織機構的主要優點是結構簡單、權力集中、易於統一指揮、隸屬關係明確、職責分明、決策迅速。但由於未設職能部門，項目經理沒有參謀和助手，要求領導者通曉各種業務，成為「全能式」人才。無法實現管理工作專業化，不利於項目管理水平的提高。

（二）直線職能型組織

直線職能型組織，是現代工業中最常見的一種，而且在大中型組織中尤為普遍。

這是一種按經營管理職能劃分部門，並由最高經營者直接指揮各職能部門的體制。這種結構的特點是：

1. 以直線為基礎，在生產單位主管之下另外再設置相關的職能部門，實行統一指揮與職能指導。
2. 在直線職能型結構下，下層既受上級的管理，又受同級職能管理部門的工作指導和監督。
3. 各級行政領導人逐級負責，高度集權。

相對於產品單一、銷量大、決策信息少的企業，直線職能式組織非常有效，這種組織結構如圖3-3所示。

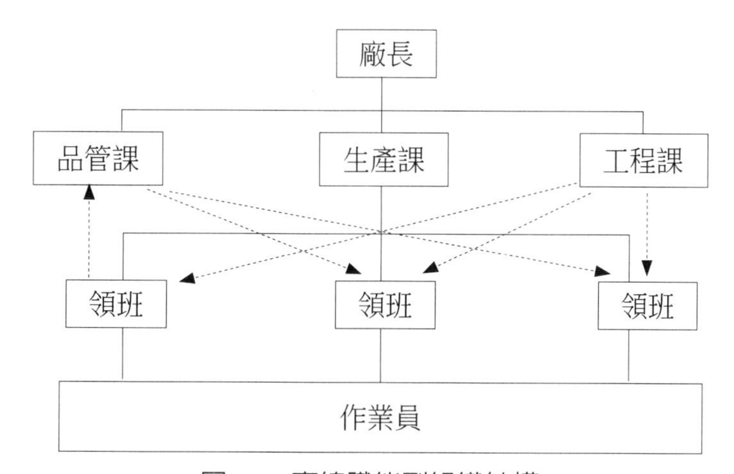

圖3-3　直線職能型組織結構

（三）直線職能參謀型組織

直線職能參謀型組織結合了直線型組織和職能型組織結構的優點，是在堅持直線指揮的前提下，為了充分發揮職能部門的作用。 這種形式在生產企業中用的比較多，例如協調性的生產調度部門或技術檢驗部門等，上層直線主管授予他們相應的權力，可以大大提高管理的有效性。

直線職能制結構形式是保證直線統一指揮，又充分發揮專業職能的作用。從企業組織的管理形態來看，直線職能型是U型組織的最為理想的管理架構，因此被廣泛採用。

（四）矩陣式組織

矩陣制組織結構是將按職能劃分的部門與按工程項目（或產品）設立的管理機構，依照矩陣方式有機地結合起來的一種組織機構形式。

這種組織機構以工程項目為物件設置，各專案管理機構內的管理人員從各職能部門臨時抽調，歸項目經理統一管理，待工程完工交付後又回到原職能部門或到另外工程項目的組織機構中工作。圖3-4所示。

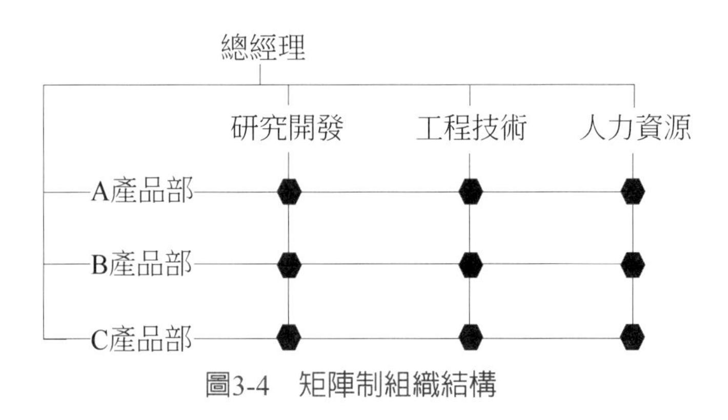

圖3-4　矩陣制組織結構

矩陣式組織機構的優點是能根據工程任務的實際情況靈活地組建與之相適應的管理機構，具有較大的機動性和靈活性。它實現了集權與分權的最優結合，有利於調動各類人員的工作積極性，使工程項目管理工作順利地進行。但是，矩陣制組織機構經常變動，穩定型差，尤其是業務人員的工作崗位頻繁調動。此外，矩陣中的每一個成員都受專案經理和職能部門經理的雙重領導，如果處理不當，會造成矛盾，產生衝突現象。

（五）功能式結構

功能式結構（functional structur）將近似和相關的職業專長組合在一起的組織設計。優點：工作專精化所帶來的好處、經濟規模、降低人員和設備的重複、使員工的互動感覺自在，「說相同的語言」，專注在結果（results）上。缺點：缺乏追求最高利益的洞察力、沒有人為最終的結果負責，見樹不見林。 以自給自足的單位組合而成的組織設計，活動和資源的重複。

（六）無界線的組織（boundaryless organization）

不以傳統組織結構的界線或畫分來定義或限制的組織設計。將員工組合起來完成核心過程（core processes），提高組織與環境的相依性。名稱：網狀組織（network organizations）、學習型組織（learning organizations）、無障礙公司（barrier-free corporation）、虛擬公司（virtual corporation）。不只是組織的扁平化，而是內部革新，以因應全球化的市場和競爭，以及科技的進步。例如：醫院的手術小組，照顧開刀病人的所有需求，從診斷到手術到恢復，原來手術需要協調47個部門，每年3,000次手術，只要15間開刀房，病人等待開刀的時間，由6～8個月縮短到3星期以內。

二、組織結構的要素

企業的組織必須具有下述要素才能順利運作：

1. 指揮鏈

   組織的職權關係從上到下，採用命令統一原則：每位部屬只能有一位直接負責的主管否則部屬必須達成不同主管的要求，造成衝突或優先序的問題。適用於簡單的組織。

2. 職權和職責

在管理職位的人所被賦予的就是職權（authority），也就是他的權利（rights），可以發號施令且可預期命令會被遵守。與組織中的職位有關，而與管理者的個人特質無關。職責（responsibility）為當管理者被授與職權的同時，也被賦予相稱的職責。當員工接受職權時，也就肩負起執行的義務。有權無責可能濫用；沒有職權就不必負擔職責。職權和職責必須對等：職權可以下授，職責無法下授：授權者仍須為其授予的行動負責。

3. 控制幅度

這是指一個管理者可以有效管理的部屬人數。究竟應該管理幾位部屬，以維持密切控制，則依管理層級而定：高階管理者＜中階管理者＜低階管理者。權變因素：員工的訓練與經驗、員工任務的相似性、任務的複雜性、員工體能的相近性、程序標準化的程度、組織結構的複雜性、組織價值系統的強度、管理者偏好的管理風格。

4. 權力的基礎／來源

一個管理者可以有效管理的發動部屬，推行政策是因為有管理者的權力，而權力的基礎或來源如下：

(1) 強制權力

• 權力來自於害怕。

(2) 獎賞權力

• 權力來自於有能力分配有價值的東西。

• 薪資、績效考核、晉升、指派工作、共事者、調派或銷售地點。

(3) 法定權力

• 權力來自於正式組織階層中的職位。

(4) 專家權力

• 權力來自於個人的專長、特殊技能或知識。

(5) 參考權力

• 權力來自於擁有所需的資源或是個人特質。

• 崇拜、認同 、取悅。

5. 部門化

將企業組織不同性質的單位劃分成不同的部門，有利工作的運作，部門的劃分有下列方式：

(1) 工作的性質（work functions）。

(2) 所提供的產品或服務。

(3) 目標顧客或客戶。

(4) 所涵蓋的地理範圍。

(5) 將投入轉換成產出的過程。

第四章

生產管理與合理化

第一節　生產的意義

工廠生產異於家庭或個人生產，生產之前工廠一定要預先設定品質，成本和交貨期三要素。屬於自製自銷的家庭工廠，由於產量少，作業環境單純，通常生產運作比較容易，如果生產量逐漸增加，由於工廠規模愈來愈大，則：

・製造程序就會逐漸需要分工化與專業化。

・作業員工愈來愈多，管理也隨著組織化。

・科技進步，設備升級，效率提升自動化。

這些發展乃生產管理工作者不斷發展的成果。

一、什麼是生產管理

簡而言之，就是管理工廠的運作方式，能夠有效率地生產出符合客戶需求的產品。所以生產管理的範圍應該包含如何了解客戶的需求以及如何有效地進行生產。

所謂的生產，就是投入原料，物料與資源，利用製造技術與效率管理，產出符合客戶需求，社會效用產品的一種過程，因此生產必須要妥善地安排投入的資源，並對過程嚴加控管，如此才能使這些資源發揮最大的效用。

從生產系統的投入，利用製造與轉換機制，完成所需要的產品，同時也創造出產品的附加值，也創造出利潤，加上控制與回饋的動作，就構成完整的系統結構如圖4-1所示。

從圖4-1可看出，生產系統除了要有投入，製造與轉換，以完成產出，同時也要有良好的控制與回饋機制，才能有生產效率與優良的產品。

符合客戶需求是生產管理的起點，為了使生產出來的東西能夠受到民眾的歡迎，暢銷市場，一定要知道客戶的需要，然後再來安排生產，這樣才不會花費了很多的人工心血後，生產出來的東西卻沒有人要。

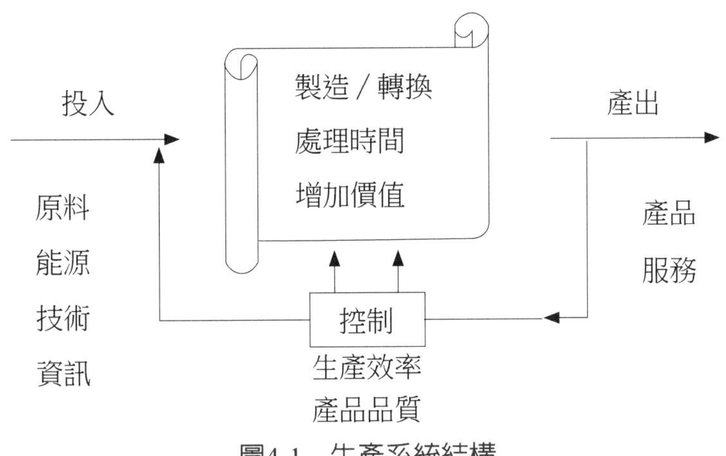

圖4-1　生產系統結構

歸納來說，生產管理必須達成以下四項目標：

1. 滿足客戶的需求。
2. 提高投入資源的附加價值。
3. 提高人員的工作效率。
4. 減少不必要的人力浪費及資源損耗。

「生產四要素」：4M

- Material（材料）
- Machine（機器）
- Man power（人力）
- Method（方法）

「須求三要素」：

- Quality（品質）
- Cost（成本）
- Delivery（交貨期）

二、生產管理的目的

生產管理就是要「合理地運用生產四要素，以滿足需求三要素」生產的條件可以用煮咖哩飯來說明，先要有材料（Material）、工具（Machine）、人力（Man power）和方法（Method）的「生產四要素」，可稱為「4M」，而煮出來的咖哩飯必須好吃（品質），又價格合理（成本），而且要在用餐時間即時供應（交貨期）才行，也就是完成的產品要符合「需求三要素」。如圖4-2所示。

圖4-2　以煮咖哩飯的例子說明生產四要素

工廠的規模不論大小，現代的生產管理的運作必須講求效率與專業化，才能在市場有競爭力。

第二節　生產管理的內容

一、生產管理的意義

生產管理是指對工廠的生產系統所做之計畫、執行以及控制等相關業務所執行的運作之總稱，內容涵蓋甚廣，其意義有廣義和狹義之分，廣義的生產管理所運作的內容包含如下：

1. 產品企劃與設計

   決定生產產品種類，將產品的具體規格化、材料規格化。

2. 製程設計

   由何種機器、何人、多少人、何種方法來製造，有無更改現有設備之必要，有無技術問題。

3. 成本計畫與管理

   以上述方法為基準，計算結果，測定生產成本及銷量預測，即可預測利潤，用以評估生產方法是否可行，有無修正之必要。

4. 採購管理與存貨管理

   何時採購多少原料、材料，如何才能不斷料，不過度存量。

5. 日程計畫

   訂貨生產、存貨生產、交貨要點。

6. 生產階段的管制

   如何掌握生產，是否依計畫進行或延遲，如何對趕工品質的維持，不良品的降低。設備如何在最佳狀況下運轉，使故障降低、安全操作。

7. 製程的改善

   評估目前生產方法：從材料、設備、技術、流程、品質或效率等各方面的狀況，對缺失予以改善。

8. 協力廠商管理

為原材料的供貨和品質的穩定而對協力廠商的協調或管制。

以上各種生產管理的工作，稱為廣義的生產管理，而就工廠日常生產所面對的事項最需要處理的，就屬「生產計畫與管制」。「生產計畫與管制」是生產管理的樞紐也稱為狹義的生產管理。

二、狹義生產管理範圍

狹義的生產管理系統包括生產計畫與生產管制：

1. 生產計畫

即安排年度生產計畫和月生產計畫、進行生產技術準備以及作業安排等。生產計畫內容包括何時（when），因應市場需求（why），生產什麼產品（what），由哪些人（who），使用哪一個生產線（where），要用什麼方法加工製造（how），也就是5W1H原則。

2. 生產控制

即控制生產進度、生產數量和庫存數量、生產品質，以及成本控制等。

三、生產週期

1. 生產活動

生產週期係「生產能夠銷售的產品」獲得利潤，非僅製造產品為主，而是將下列所說之一連串步驟維持連續順利進行。生產活動運作的方法如圖4-3所示：

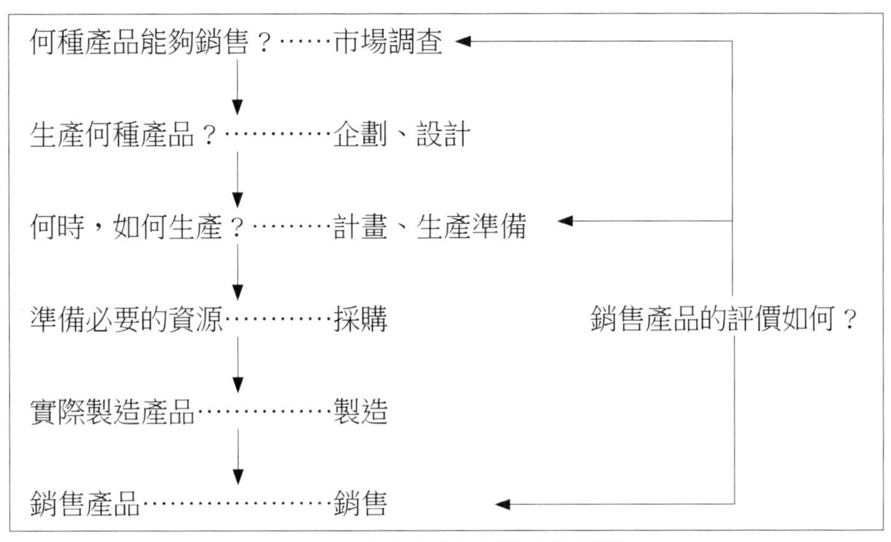

圖4-3　生產與銷售評估的週期

圖4-3如為少數人生產可能無特殊問題，但若為規模愈大，箭頭就愈不能順利運作，使大企業具有高度生產效率和小型企業具協力合作的優點，就是生產管理的目標之一。

2. 生產週期與生產管理

若僅追求生產而不作任何評估，不從事研究發展以提高產品週期，將對企業不利。

考慮生產週期的最終目的：「以低成本、迅速、輕鬆製造良好的產品」乃採取：

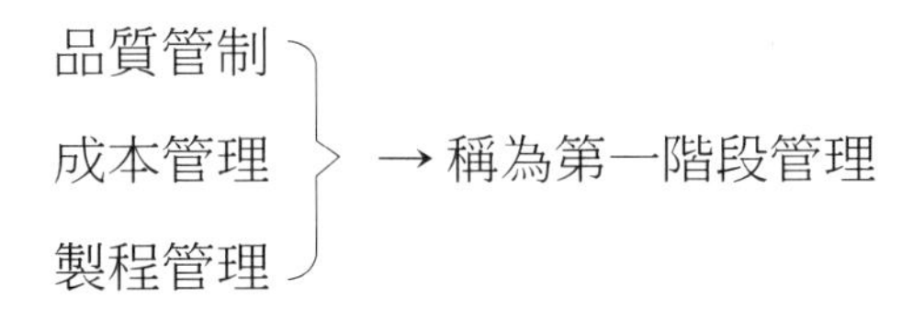

從生產要素來進行：

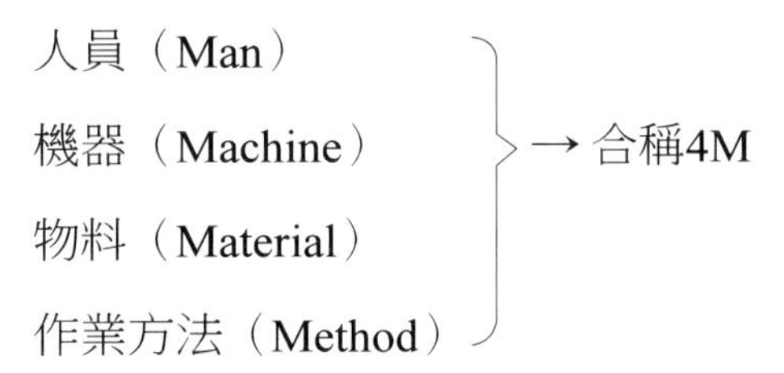

四、第一階段管理的內容

即生產活動的管理。下列為各種管理的主要工作：

1. 品質管制

   經營製造符合顧客要求品質之產品（或服務）之活動。現代的品管有利用統計方法屬於統計品質管制（Statistic quality control）。

2. 成本管理

   應用資訊與計算，分析成本，妥善運作生產管制以降低成本的一種活動。

   短期：設定目標，排除差異，控制實際成本與標準成本差異的日常性活動。

   長期：經由各種改善活動來降低標準成本。

3. 製程管理

   在所設定的交貨期限內，生產符合預定的品質、成本與數量的產品，整合管制廠內生產資源，實施經濟性的生產管理。

   結合日常營運活動（採購或銷售）從接訂單至交貨，領域只限於製造，但為了提升綜合性產力，必須管理對象擴大至設計與採購。

第三節　生產型態的基本問題

一、工廠生產的型態

就管理技術而言，行業或規模的大小並不重要，工廠生產型態的方式才是重點。

生產與產品訂購時期的關係：

1. 訂購生產（訂單生產）：製成成品後須立即交貨，所以產品無庫存。
2. 預估生產（計畫性生產）：與個別訂購無關，預測未來需要，有計畫性的進行生產，有製品庫存。

製品的種類與生產量的關係：

「多種少量生產」或「少種多量生產」

二、從工作流程來看

可分為：

1. 個別式生產：配合訂貨而進行工作的方式。
2. 批量生產：屬於組別生產，各在固定數量上定期反覆的工作，又稱間歇式生產。
3. 連續生產：每天重複做相同工作的方式。

上述前兩種方式的製造不連續，因此工作流程的管理比較困難。

三種型態互有關聯，如圖4-4所示。

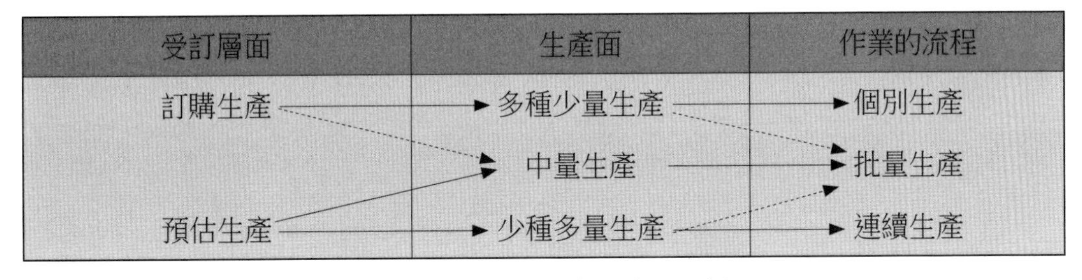

圖4-4　產量與生產方式的關係

如圖4-4所示，工廠作業一般的傾向是：訂購生產常常是少量組別生產， 所以這類產品採行個別生產，以應付各種多樣化的市場需求；而預估生產通常屬於是長期性連續生產，產品單純，在市場上有一定的需求量，但受原料季節供應或市場需求改變有關。

三、預測生產所產生的問題

產品的預測生產與市場供需之間對時間的關係，如圖4-5所示：

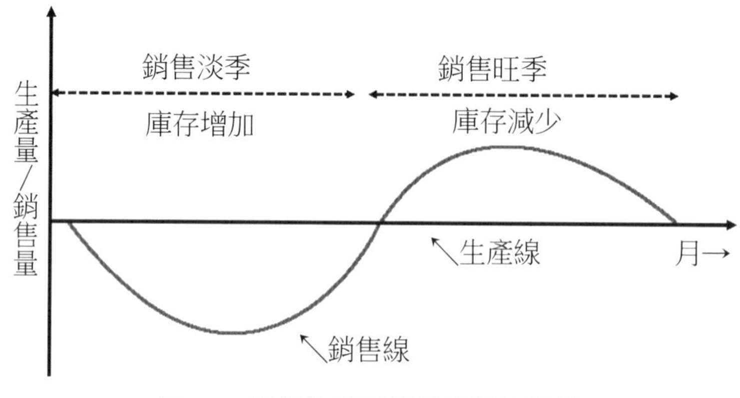

圖4-5　月份生產量與銷售量的關係

基本方向：依製品的庫存量需要的變動而調整操作率。

如圖4-5所示，在市場淡季，生產量大於銷售量，所以進行儲存生產以增加庫存，以彌補旺季產能之不足。使工廠操作率安定化，維持安定生產量。另有市場旺季時依靠加班、臨時工、外包等增產的調整，以降低庫存，或是淡季促銷。

四、產品種類與產量的生產問題

生產產品種類的多寡與產量呈反比，種類減少，相對地生產量增大，和工廠的規模大小無關。

1. 多種少量生產所發生的問題
   (1) 若生產流程時常安排調換，會產生人或機器的閒置（怠工）。
   (2) 運作率低，成本增加。
   (3) 生產作業準備、工作分配等日常管理較繁雜。

2. 少種多量生產所發生的問題

(1) 產品種類或產量的變化少，則經常做重複性相同的工作。

(2) 日常管理容易、平時的工廠運作安定，效率高。

(3) 作業單純化，未熟練的作業員也可勝任。

(4) 原材料也可依大量採購，價格折扣多，因而製造成本較低。

不過少種多量生產雖然有上述的優勢，但是其劣勢為：

(1) 市場上有相同或類似的競爭，產品利潤不高，售價容易下滑。

(2) 因此常常要努力經營，提升效率，使生產成本降低，例如：高度自動化。

(3) 對產品種類或產量的變動缺乏適應性。若有變動，新產品的量產轉變或生產改變模式時，由於暫時的混亂，易造成效率低下、損失增加，要預防。

雖然多種少量的生產比較麻煩，可是產品變動靈活，容易因應市場需求而採取訂購式生產比較有市場競爭力，也具有價格優勢，產品利潤較高。

生產管理的工作上常見的生產效率可以用一些方式評估，如表4-1中所示：

表4-1 生產力的指標

評估項目	計算式
生產力	$\frac{生產量}{投入量}$
原材料生產力	$\frac{生產量}{原材料使用量}$
設備生產力	$\frac{生產量}{機械數量}$ 或 $\frac{生產量}{機械運轉時間}$
勞動生產力	$\frac{生產量}{從業員人數}$
作業效力	$\frac{計畫工時}{實際工時}$
運轉率	$\frac{實際生產量}{標準生產量}$
耗用率	$\frac{產品重量}{材料使用量}$
勞動率	$\frac{有效作業時間}{總實際勞動時間}$

第四節　省人化技術

省人化的技術其目標為實施自動化，當減產的時候，產量減少的部分就與人員減少不成比例。所以要打破定員製的思維，從省人化向少人化努力，想辦法設計適應產量變化，無論幾個人都可以達到生產量的生產線。

1. 省力化就是不消除浪費，就引進高性能的機器而言，即使節省0.9人的工作量，也只是使作業者更輕鬆而已。0.1人的工作量同樣還是需要一個人。
2. 省人化而需要減少人員時，必須取得作業人員的理解，得到他們的協助。

一、省人化活動的基本事項

由傳統的生產系統（省人力技術）減少。

1. Team活動——工作場地為中心的小集團活動。
2. 改善作業為中心（為了減少投資）。
3. 提高少量多品種的生產性。
4. 促使庫存儲量少。

二、改善的標語

1. 拿到就不離手（當場加工）。
2. 在必要時，供應必要的東西並只供應必要量。
3. 搬運並非工作（工程直接連接）（U字配置）。
4. 以人的Lead Time作業（從機器開放）。
5. 使用專用工具。
6. 習慣於雙手作業。
7. 一面作業，迴轉式，看板方式。

8. 小批（Lot），少量（Batch）（日期，品種）。
9. 減少不必操作，減少隨時停。
10. 改換1人作業（負擔多工程）。

三、作業改善重點

1. 發現有效作業
   (1) 人該做的工作？機械該做的？
   (2) 主要加工作業是什麼？
   (3) 在移動中，或搬運中是否做下一步作業？
   (4) 是否一面作業，一面做其他事物？
2. 追求目的原因
   (1) 作業的目的是什麼？
   (2) 作業發生的原因是什麼？
   (3) 可否以眼睛發現不良品？
   (4) 可否及時發現不良的發生原因？
   (5) 有無決定作業的cycle time？
3. 提高動作效率
   (1) 雙手是否有效使用？
   (2) 作業中有無使用腳部？
   (3) 作業的高度是否合適？
   (4) 是否可簡單地識別判斷？
   (5) 作業的繼續時間是否適當？
   (6) 投入取出是否利用全力？
   (7) 工具、零件的型態是否容易操作？
   (8) 工具、零件是否放在身邊？
   (9) 作業的順序決定了沒有？

4. 降低動作難度

(1) 容器，工具是否容易操作？

(2) 操作姿勢是否輕鬆？

(3) 手操作是否從腕部至手部，手部至指頭？

(4) 是否變成更容易判斷的作業？

(5) 需要注目的作業是否緩慢移動時來做？

(6) 選異物是在更源流時做？

(7) 是否利用輔助機做重量物作業？

(8) 困難作業是否分解並以機器分擔？

5. 減少操作次數與零件

(1) 機器、容器是否有毛病？

(2) 可否儘量在後頭將產品分為部品？

(3) 原材料的補給是否連續供給？

(4) 可否減少補給型的作業次數？

(5) 工具、容器是否內藏在機械內？

(6) 附帶零件是否太多？

6. 集中作業處所並減少之

(1) 有否形成孤島？

(2) 是否成為當場加工作業？

(3) 能否擔任多台，或多工程？

(4) 有無有效利用等待時間？

(5) 有無將不良品當場當時就給予撲滅？

(6) Check是否在一個地方集中來做？

7. 連結工程

(1) 可否縮短工程的距離？

(2) 可否消失物品的滯留（裝置、橫流）？

(3) 可否消失設備能力的參差不齊？

(4) 分業化是否太過分？

(5) 原材料的是否可以做到just in？

(6) 是否可小批（lot）化、尺寸（size）化？

(7) 是否縮短lead time？

8. 利用空間

(1) 可否不使用平面，而利用空間？

(2) 能否將重上下連結？

(3) 直線運動能否改為施轉運動？

四、產價改善要點

1. 外觀的成本降低，不如真正的成本降低。
2. 以現場的人為中心的改善。
3. 可發現異常的現場（自動化）。
4. 不做不良品，做不出不良品的機構（可找出製造不良品來源的機構）。
5. 設備改善要自製——無不需要的設備。
6. 在購買機械前，將必要事項組合進去——機械要加入思考。
7. 新產品要從新工程開始。
8. 新產品設計要利用生產技術與製造技術。
9. 人才培養首要培養怎樣發現浪費。
10. 改善步驟是：作業改善、設備改善、工程改善。

五、如要將人離開機械需考慮事項

1. 時間一到自動停止。
2. 產出不良品，自動停止。
3. 設備如有異常時自動停止。

4. 告知品質check，交換的timing。
5. 造成在生產線上集約，表示的機構。

第五節　工廠自動化

一、自動化含義

自動化（Automation）是美國人D.S.Harder於1936年提出的。他認為在一個生產過程中，機器之間的零件轉移不用人去搬運就是「自動化」。自動監視並管理有缺點或障礙機械，以減少人力的作業系統，這是自動化代替人的體力勞動的觀點，早期製造自動化的概念。過去，人們對自動化的理解或者說自動化的功能目標是以機械的動作代替人力操作，自動地完成特定的作業。後來隨著電子和信息技術的發展，自動化的概念已擴展為用機器（包括計算機）不僅代替人的體力勞動而且還代替或輔助腦力勞動，以自動地完成特定的作業。

二、自動化優缺點

1. 優點：
   (1) 對市場變化適應力強。
   (2) 降低存貨成本。
   (3) 生產線容易調整。
   (4) 降低不良率。
   (5) 設備負擔少。
2. 缺點：
   (1) 少人化。
   (2) 當自動化機械異常時，容易產生大量不良品。

3. 針對缺點改進方法：對於自動化異常時，可採用
   (1) 目視管理。
   (2) 告示牌管制。
   (3) 全數品管。

三、工廠自動化可達目標

1. 彈性製造系統（flexible manufacturing system, FMS）
   (1) 數值控制（NC）機械。
   (2) 工作物工具之自動著脫裝置。
   (3) 工業機械人。
   (4) 自動搬運系統。
   (5) 自動保守檢查系統。
   (6) 自動倉貯系統。
   (7) 電腦系統。
2. 生產管理資訊系統
3. 電腦輔助設計（computer aided design & drafting, CAD）
4. 電腦輔助設計（computer aided manufacture, CAM）

第五章

設備與技術管理

第一節　設備管理

一、機器預防保養系統

1. 預防保養

安全地操作機器，使用原廠零件，定期保養機器，可以有效降低機器故障的發生頻度，提前發現並防止故障發生率，減少停機時間和損失，延長機器壽命，完成生產作業中的穩定性和高產量。

2. 新機器交車服務

原廠服務人員在機器交車時，將對操作人員進行詳細的指導，機械規格確認，物品清點，並向操作人員詳細介紹操作方法，安全事項，保養檢查等重要知識，確保操作人員完全了解。現場管理人員應將上述資料整理成為可操作的作業指導書。

3. 機器定期巡檢服務

機電人員會同原廠服務技師，對已交付使用的機器實施每月定期檢查服務。同時，如果在使用期間內發現機器有異常現象，或有任何疑問時，操作人員要反應給機電服務人員。

4. 機器不定期巡檢服務

邀請原廠專業的服務工程師，不定期（每季或每半年）來現場進行拜訪，檢查機器性能，並提出保養、操作建議。

二、設備定期保養辦法範例

1. 定期保養總則

1-1 目的

為使設備做最有效，且最經濟運轉，特定本辦法。

1-2 定義

定期保養之定義，在於設備的潤滑、清潔、檢查、與改善，使設備常常保持於正常狀態，減少臨時停工及修理的損失。

1-3 定期保養採用二級制

一級保養即日常保養，由設備使用單位，依照「一級保養準則」實施之。二級保養即定期保養，由生產單位負責生產設備，機電人員負責公用設備，依照「二級保養準則」實施之。

2. 一級保養準則——日常保養

2-1 目的

為了使一級保養作業，順利推行，以及確立一級保養作業範圍，特定立本準則。

2-2 定義

一級保養，就是日常保養，是使用單位，對所屬設備，做適當的清潔與維護，並且做小故障的排除，使設備保持正常可用之狀態。

2-3 保養人員

一級保養人員，指的是設備的操作人員或使用人員。

2-4 保養作業範圍

2-4-1 操作前之保養

◎檢視各部分的潤滑情況，並做必要的加油。

◎上緊各部分鬆弛的零件。

◎檢查各項開關的靈活性以及正確性。

2-4-2 操作中之保養

◎潤滑的地方有無不正常的漏油。

◎轉動及滑動的周圍不要放置工具及材料。

◎設備不要超負荷運轉。

◎避免敲擊機器。

◎因事離開設備時，需停車關閉開關，不能停機時，要請人代為監管。

2-4-3 操作後之保養

◎停機熄火並且檢查是否停在規定位置上。

◎把手及開關應停在靜止位置。

◎設備內的殘料要清洗出來。

◎設備表面擦洗乾淨。

◎設備周圍環境的清潔。

2-5 教育訓練

設備所屬之主管，負教育訓練的責任，也可以委託機電課派員協助之。

2-6 督導

單位主管，負一級保養的督導責任，並與考績連結之。

3. 二級保養準則——定期保養

3-1 目的

為了使二級保養作業順利推行，以及確立二級保養作業範圍，特定立本準則。

3-2 定義

二級保養，就是定期保養，為使用單位及機電人員共同之職責，由使用單位人員做定期的檢查、潤滑與維護。在未故障之前，預先做保養調整及小搶修，使故障防範於未然。

3-3 保養人員

生產設備由設備的操作人員，或使用人員負責，機電技術人員協助之。

公用設備，由機電技術人員負責。

3-4 保養作業範圍

◎設備的定期檢查。

◎設備的定期潤滑保養。

◎簡易故障排除及零件更換修理。

◎檢查各部分有無漏油漏氣現象。

◎檢查各部分是否滑動無礙、鬆緊合宜。

◎協助三級保養之修理工作。

3-5 保養步驟

3-5-1 由使用單位，制定定期保養檢查基準表。

3-5-2 機電課，就平時故障報單內容，提出建議及修正後由使用單位定稿。

3-5-3 每月月底前，排定保養檢查之月進度實施表。

3-5-4 負責人，應按照基準表、及進度表，確實執行並且做成紀錄。

3-5-5 檢查作業，以不必停機為原則，需要停機時，需預先與生產單位連絡決定。

3-6 教育訓練

設備所屬之主管，負教育訓練責任，也可以委託機電課派員協助之。

3-7 督導

單位主管，負二級保養的督導責任，並與考績連結之。

第二節　技術管理

一、如何建構自己的技術系統OTS (Our Technical System)

內容

1. 技術的來源
2. 公司內部技術的移轉
3. 技術的實現及監察
4. 何謂CV值及平均值
5. 標準作業的功能
6. 作業標準書的系統
7. 標準製造法——公司know-how——如何寫
8. 製程管制基準——管些什麼
9. 詳細操作手冊（作業指導書）——寫作要領
10. 建立步驟（說、寫、做一致，從哪裡開始）
11. 實做練習及補充資料

1. 技術的來源

1-1 研發

1-1-1 自己研發

1-1-2 共同研發

1-1-3 參加研發

1-2 引進

1-2-1 先盤點自己的技術再談技術引進

1-2-2 自己研發的成本計算對照

1-3 技術作價原則

因新技術而多得的利益之25%

1-4 造成雙贏的考慮——藝術性

1-5 持續不斷的考量

1-6 國內技術來源

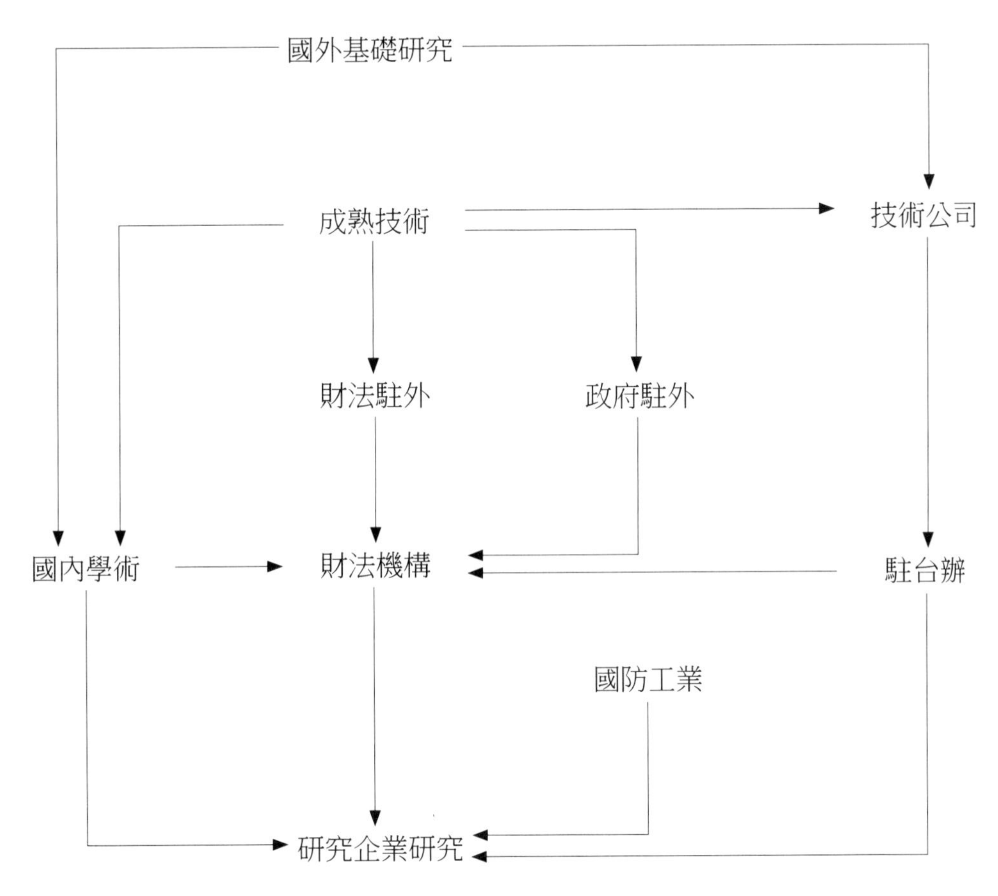

1-7 技術引進

1-7-1 專利買斷

企業合資

企業購併

1-7-2 技術、法律及管理一起談判

1-7-3 有效技術及市場資訊一起掌握

1-7-4 美國式——地方分權

日本式——中央集權

歐洲式——麥當勞式

1-7-5 費用決定——經驗法則

比較市場法

技術強度

市場占有率

1-7-6 雙贏考慮

技術資料限制及智財權

授權權限及權益

1-7-7 藉公正第三者引進技術——MIT式

1-8 技術引進績效

1-8-1 公司獲得技術發展多角化經營

進入新事業領域——新產品開發

1-8-2 影響因素

雙方	項目	有利
技術接受者吸收能力	有無研發單位	未必
	研發經費	高
技術提供者協助意願	地區別	歐－日－美
	參與投資	高
	搭配管理技術	高

1-8-3 引進的目的影響績效很大——純技術或行銷

1-9 引進階段注意事項

事前	1. 提供者協助做可行性分析 2. 語言障礙減低 3. 提供者參與投資 4. 訂約誠信——限制業務及技術外流
事中	1. 接受者之人員素質及訓練 2. 提供者協助營銷管道建立 3. 加強溝通了解情況
事後	1. 提供者供應必要原料及零件 2. 提供者給予OEM訂單 3. 接受者做結案報告

1-10技術類別

1-10-1 菌種及培養法

1-10-2 培養設備

1-10-3 管理技術

1-10-4 行銷經營技術

1-10-5 研發技巧

1-10-6 研發系統體制

1-11技術累積發展

項目	知其然		知其所以然	知其所當然
	know-what know-how		know-why	know-
設備 資料 注重	整套 原廠 操作手冊 本身	零件調整 本土化 了解原理 可微調 供應商	產品重設計 仍依賴原廠 TQC	全新設計 自己研發 全方位
過程	同文化 照做 消化吸收	本土化 模仿 融合發展	差異化 創新	自主化 超越 關鍵掌握
技術引進為基礎			發展創新為目的	

2. 內部技術的移轉

2-1 訂立作業標準書使用與保管辦法

2-2 訂立作業標準書編擬準則

2-3 作業標準書使用保管程序書

作業程序	負責單位	作業內容
原案 ↓ 原案回收	技術單位 ↓ 廠區最高主管	1.作成之後送給工廠一式2份 2. 函總公司生管處 ↓ 1. 一份銷毀 2. 一份保存於品管課

3. 技術的實現與監察

3-1 廠長與領班或操作員應該有不同層次的資料

3-2 標準製造法與作業指導書是不同的資料

3-3 操作員需要的作業指導書不應該放在辦公室的櫃子中

3-4 誰來寫作業指導書

3-5 作業指導書的格式請您設計一下

3-6 內部稽查辦法要事先完成備用

4. 變異係數與平均值

4-1 儀器

精確度——與真值的差異

再現性——同樣樣品之測定差異

4-2 數據練習

平均值——測定值的算數平均

變異係數——數據散布離平均值多遠

4-3 變異係數

管理之內涵

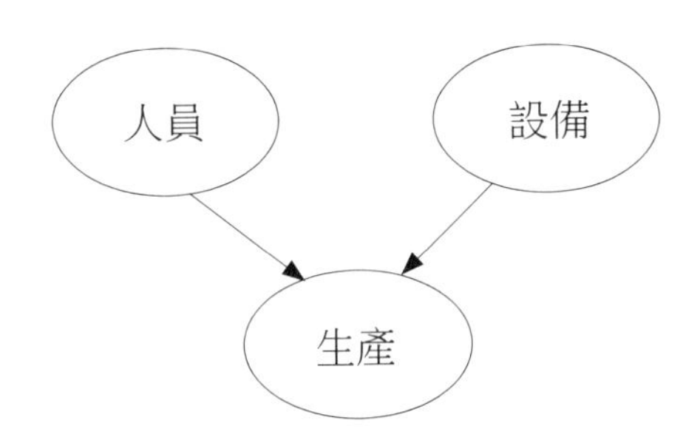

人員管理的重點——績效、勤惰、安全、衛生

設備管理的重點——保養、修理

生產管理的KPI——產量、品質、成本（收率、動力、原材料）

生產管理的指標——變異係數CV值

利用統計的管理：X為平均值

偏差平方和：$A = \Sigma(Xi - X)^2$

標準偏差：$B = \sqrt{A}/n$

變異係數：C.V. = B / X

＊不在乎X 的好壞，而在乎變異的大小

生產管理的目的

- 使變異最小，也就是說在安定的情況之下，以一定的品質一定的收率，生產需要的產量。
- 使符合品質的產品，又快又便宜的生產出來。

4-4 何謂變異係數及平均值

再好的技術，在執行當中都會因為主觀因素而出現變異，主觀的因素有人為因素，客觀的因素有環境因素，而所謂變異是各個數值與平均值的偏差，其偏差有正值也有負值，為了防止正負偏差互相抵消的影響，把偏差平方之後求得平方和並且定義標準偏差為平方和除以個數之後的開平方值，所謂變異係數或叫CV值是標準偏差除以平均值之商，CV值大，表示數字間的偏差大，所以我們可以用平均值來代表技術的絕對值，而用CV值來表現我們生產的努力程度。

5. 標準作業的功能

生產管理的方法

透過 標準作業 希望產生一定的結果，並經由各項 解析 以達到安定生產的目的。

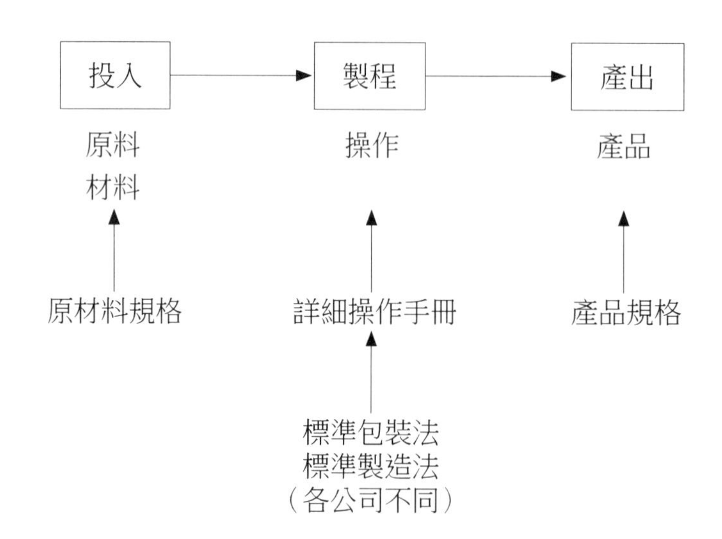

假定：原料相同，設備相同時

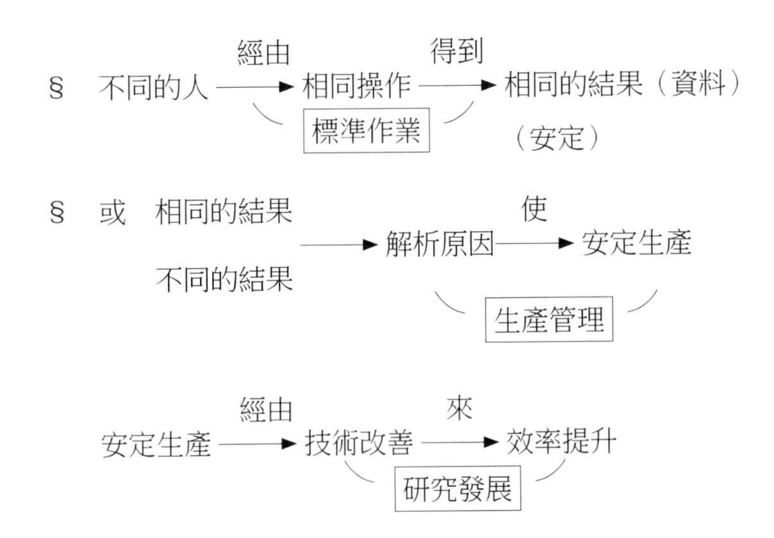

各有優先順序不要混淆

・清楚定義所要討論之範圍

6. 標準作業書

各種作業，只要是為了達到相同目的而訂立的標準，都可以叫做作業標準，而作業標準以文字寫下來的才可以叫作業標準書，一般工廠中常見的作業標準書有：

原料規格及檢驗法

材料規格及檢驗法

成品規格及檢驗法

標準製造法

標準操作法

標準包裝法

製造管理標準書

衛生管理標準書

品質管理標準書

6-1 作業標準書

・擬訂草案，暫定標準

*・製品規格——品質及試驗方法

*・原料規格——品質及試驗方法

*・標準製造法——配方，技術條件，作業方法，製程規定

・包材規格——品質及試驗方法

・標準包裝法——標示規定等

Who：誰負責草案、修訂、批准

When：何時修正、改訂

FGMP：食品之GMP——遵守規定

・製造衛生管理

・微生物汙染管理

・製造紀錄

・產品品保期間設定

・產品保存試驗

・產品保管及運輸規定

・顧客抱怨處理準則

7. 標準製造法

在所有作業標準書中，標準製造法可以說是公司的核心技術所在，每一種產品都應該有標準製造法，它是公司的know-how所在，每家公司都會把標準製造法當成他的命根，但很多公司卻只把它記在腦海中，而不形諸文字。

7-1 標準製造法

・使用範圍及原理

・設備列表、規格、能力、配置

・流程圖（含質能平衡）

・人員配置，時程安排（班次）

・原材料預算及來源、購買、保存

*・配方、作業方法、製程描述、條件載明——QC工程圖

・收率、品質、汙染等影響要因

・異常不良品處理

*・製程管制項目（品質、條件、設備等有關）

管制基準、檢驗頻率

*・注意事項（一般、異常、安全衛生）

・工業安全、災害防止

・環境維護

・成本單位用量（原材料、動力等）

◎草案擬定時可簡單一點，等正式生產後一段時間再補足（*先作）。

◎按流程決定分段之標準製造法，以能夠分出負責之單位為準，即以可獨立之單位為依歸。

◎生產管理中最重要的基礎，也是各公司之生產技術所繫，know-how所在。

8. 製程管制基準

標準製造法中最主要的項目，就是製程管制基準，因為有了基準才能有所遵循，基準中最要緊的是要有——管制項目、管制基準、檢核頻率——三個要素，製程管制基準的不同，將導致作業結果的不同。

8-1 製程管制基準

針對生產上，會影響產品的品質及收率的重要項目，設立管制基準，在各段流程有其不同的重點，唯一般應將管制的（項目、基準值、檢核頻率）分項列出。

例如發酵階段，下列為重點

・雜菌汙染防止

・溶菌發生防止

・培養條件（溫度、壓力、pH、通氣量）

・培地成分

・營養源補充

分離純化階段

・收率有關事項

・品質有關事項

・半成品保存

・衛生有關事項

◎管制基準如果因為技術改善而有所變更，應即時給予修訂並且保持up-date之情況。

9. 作業指導書

好的作業指導書，是可以使新進人員再很短的時間內，經由正確的指導，就可以得到相同的作業結果，作業指導書要附有，與面對現場時一模一樣的圖面，即使方向也要一致，圖面上必須操作的閥門等，都要編號以利操作說明，為什麼要如此操作的理由及操作條件，也要一併告知，操作順序要一步一步寫的很清楚，不可以有模凌兩可的敘述，特殊或主要的注意事項也應明白告知。

9-1 也叫做詳細操作手冊

・細分至每一操作人員可單獨作業為基準。

・詳細配管圖面，每一個須操作之閥門，圖面上均須標明，並且標明代號。

・面向圖面時，必須與面對現場實物相同之方向。

・操作步驟須使新進人員（不同人員），都能得到相同之操作順序而無差異。

・在職訓練之基本教材。

・可幫助新進人員，在最短時間內進入狀況。

・必須要有實際操作人員參與制定。

◎詳細操作手冊的作成，是為了使操作的人為差異減至最低，而使產品的品質及收率安定化。

◎詳細操作手冊，以可行性為唯一的要求。

◎詳細操作手冊，與標準製造法，是截然不同的兩種書類，要分辨清楚。

例子——標準操作法

種槽空氣除菌過濾器之滅菌操作法（傳統方法）

1. 確認過濾器周邊閥門之開閉狀態。
2. 開蒸氣閥引入蒸氣，並將冷凝水除去。
3. 徐徐開蒸氣入口閥，將蒸氣引入過濾器中，保持溫度121℃（壓力1.2kg/cm^2）1小時。
4. 完成滅菌後，關蒸氣閥同時開空氣閥，進行保壓乾燥4小時。
5. 乾燥完畢將部分排氣支閥關閉。

種槽空氣除菌過濾器之滅菌操作法（創新方法）

1.原則	*符合實際情況，口語化容易了解
2.流程	*前後關係確認
3.圖面說明	*面向設備時，圖面要與實際設備之方位完全一致 *需要操作之設備給予編號，以利說明之用，例如一閥，幫浦，流量計等 *必要的指示要明示-溫度計，壓力計等
4.文字說明	*操作概要 要點 理由 *操作條件 *操作順序 *注意事項

種槽空氣除菌過濾器之滅菌操作法

*操作概要 1.要點 2.理由	利用蒸氣將用過的過濾蕊滅菌後重新使用。 種槽的無菌空氣是藉過濾蕊的精密過濾得到，當使用一段時間之後，必須重新滅菌，才能確保無菌空氣的品質。
*滅菌條件	1.2kg/cm^{2}蒸氣維持60分鐘。
*操作順序	1.關閥門6.15.微開7.9.10.11.12.16以排除空氣。 2.開閥門26.以排除蒸氣之冷凝水至有蒸氣流出。 3.關閥門26開閥門18.19.並微開20.開始滅菌。 4.注意閥門7.9.10.11.12.16.20.要有蒸氣冒出即可，不必太多。 5.調節蒸氣閥門18.使閥門13.之壓力計達到1.2kg/cm^2。 6.壓力1.2kg/cm^2，要維持60分鐘，以達成滅菌效果。
*注意事項	1.過濾器連續使用一個月要滅菌一次。 2.遇到停電停機以致過濾器無法維持壓力時須重新滅菌。

10.建立步驟

(1)新建立時，可以要求技術擁有者，提供作業標準原案。

(2)但是，你一定要會提出要求，有了原案之後，就可以據以編制標準製造法及作業指導書。

(3)既有作業時，把先有作業寫下來當成作業指導書再討論修正成切合實際的作業指導書。

(4)既有的標準製造法也要一併修正成符合實際需要。

(5)說寫作一致是ISO的精神，它可以適用於各行各業，在做標準作業時也可以活用它，說寫作是一個循環。

(6)新設立時可以依「說、寫、做」的順序，既有作業可以依－說、寫、做－的順序來作業。

(7)初次生產時是依據原案來操作，生產確認後則可制定作業標準書，製品規格一個月內，原材料規格三個月內，標準製造法六個月內完成，而標準包裝法必須在初次生產十天前完成。

(8)標準製造法完成時，原案就自動廢棄。

⑼ 標準製造法基本上由廠區最高主管裁定。

⑽ 標準作業指導書則由作業單位最高主管裁定。

補充資料

發酵工廠管理之其他相關項目

・人的信任與溝通——人有思想、好惡、人性、尊嚴。

・設備的選擇——實績最重要。

・作業方法的愚巧化——人不是故意要做錯。

・標準的堅持不打折扣——好習慣之養成不容易。

・環境的淨化——基本操典。

・無雜菌的概念、灌輸——殺菌、滅菌。

・在職訓練——訓練方法，養成習慣、化工機械知識落實。

・巡查作業之落實——有路線、有記錄。

・菌種管理——提前作業，使用前小型確認完成。

・收率觀念強烈——問題突出的來源。

*・成本概念——固定成本與變動成本分開。

・正常時之Data——異常時對照。

・每batch後之清洗——基本要求。

・溶氧之經時曲線——發酵指標。

・5S，Q.C.C.提案制度之實行。

・計畫評核術（PERT）之使用——進度確保（時間）。

・工程經濟——方案評估（錢是有時間因素的）。

・田口式品質工程——最適條件之迅速求得。

・KT式理性思考方法——解決問題，做決策。

生產資料解析對策——管理

・生產活動中各管制項目的實測值與基準值有差異時，分析原因，尋找對策。

- 直接作業者每日的作業記錄——日報表（Data Sheet）管制者的Check Sheet或巡查記錄，均可轉換成管制圖表。
- 管制界限超出時，根據管制圖研判標準，發現有問題時利用特性要因圖追查原因。
- 收率的管理以每天、每週、每10天或每月為單位來管制，視各業別情況而定。

$$收率=\frac{產出}{投入+初期在庫-期末在庫}$$

- 計算各流程之收率、品質、收量等項目之CV值，以確定生產活動的穩定性。

二、巧克力牛奶標準製造法範例

1. 成品規格及檢驗法
2. 原料規格及檢驗法
3. 標準製造法
   - 3.1 標準配方
   - 3.2 標準入料表
   - 3.3 製造流程
   - 3.4 工程管理法
   - 3.5 注意事項

1. 成品規格及檢驗法
   - 1.1 成品名：巧克力牛奶
   - 1.2 本質：本產品係使用xx%以上符合CNS3055之生乳或還原乳為主原料，添加高果糖糖漿、異麥芽寡糖、可可粉、安定劑、食鹽等副原料調配而成之調味乳，其成品品質符合CNS3057「調味乳」之規定。

1.3 品質規格及檢驗法（範例非實際，請勿直接使用）

項　目	單　位	規　格	檢驗類別	檢驗方法	備　註
外觀		成淡巧克力色	A	T-125	
風味		巧克力香	A	T-125	
比重			A	T-130	
糖度	Bx°		A	T-135	
酸度	%		A	T-137	
離心沉澱量	ml/10ml		A	T-139	
脂肪	%		A	T-113	
蛋白質	%		A	T-112	
生菌數	CFU/ml		A	T-118	
大腸桿菌群			A	T-119	
低溫菌數	CFU/ml		A	T-120	

內容量：不得低於標示量。

衛生標準：應符合本國有關法令規定。

標示：應符合CNS3192包裝食品標示規定。

1.4 貯存法及保存期限：

於x ±0.5℃冷藏貯存，保存期限x天。12月～3月保存期限x天。

1.5 存證物：

每批次每包裝別各取2只，保存至到期日後2～3天為止。

1.6 批次購成及抽樣：

每一槽為一批次，每批抽樣4只，3只作為微生物檢查，另1只作成份分析。

2. 原料規格及檢驗法（範例非實際，請勿直接使用）

使用原料及原料規格，詳見於表中頁次：

序號	編號	電腦代號	原料名 稱	頁次
1	R-0023	1200008	生乳	*
2	R-0121	1200003	脫脂乳粉	*
3	R-0120	1200006	特殊乳	*
4	R-0329	1200045	鮮乳油	*
5	R-0070	1010021	高果糖糖漿	*
6	R-0654	1010037	異麥芽寡糖	*
7	R-0803	1500384	中脂可可粉	*
8	R-0808	1050073	鹿角菜膠	*
9	R-0293	1050006	重合磷酸鹽	*
10	R-0188	1020002	食鹽	*
11	R-0278	1070094	煉乳香料	*

＊請參照研發單位 x 年 x 月編訂之原料規格及檢驗法

3. 標準製造法

3.1 標準配方（範例非實際，請勿直接使用）

原料名稱	單位	生乳配方	特殊乳配方	備註
生乳	L			
特殊乳	L			
高脂乳	Kg			
脫脂乳粉	Kg			
高果糖糖漿	Kg			
異麥芽寡糖	Kg			
中脂可可粉	Kg			
鹿角菜膠	Kg			
重合磷酸鹽	Kg			
食鹽	Kg			
煉乳香料	Kg			
調配水	L	餘量	餘量	
合計	L	100	100	

3.2 標準入料表（範例非實際，請勿直接使用）

原料名稱	單位	生乳配方	特殊乳配方	備註
生乳	L			
特殊乳	L			
高脂乳	Kg			
脫脂乳粉	Kg			
高果糖糖漿	Kg			
異麥芽寡糖	Kg			
中脂可可粉	Kg			
鹿角菜膠	Kg			
重合磷酸鹽	Kg			
食鹽	Kg			
煉乳香料	Kg			
調配水	L	餘量	餘量	
合計	L	5000	5000	
＊管路擠水	L	200	200	UHP殺菌系統
總計	L	5200	5200	

3.3 製造流程（範例非實際，請勿直接使用）

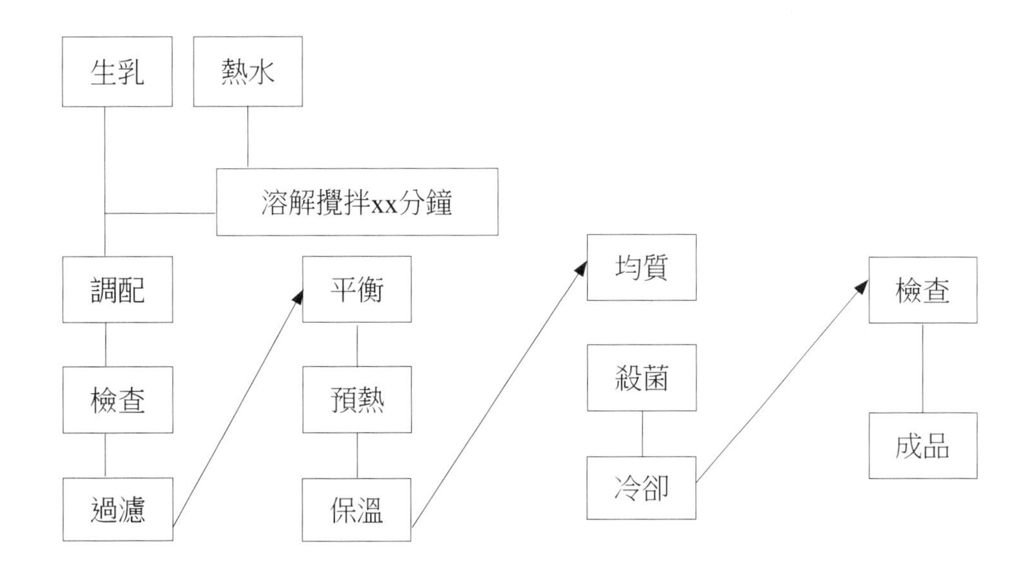

3.4 工程管理法（範例非實際，請勿直接使用）

工程名稱	原材料	流程	管制項目	管制基準	備註
調配	熱調配水	計量入mixer 分別稱量 稱量 攪拌溶解 稱量 調配 計量 計量			
檢查		取樣檢查	1.脂肪（%） 2.糖度 3.比重 4.酸度 5.離心沉澱量（ml/10ml）		
過濾		過濾	1.不鏽鋼過濾網		
平衡		平衡			
香料添加		稱量	1.香料品質確認		
預熱		預熱 保溫	1.保溫溫度 2.保溫時間		
均質		均質	1. 均質壓力		
殺菌		殺菌	1.殺菌溫度 2.殺菌時間		
冷卻		冷卻 貯存	1.品溫		
檢查		檢查	1.外觀 2.風味 3.糖度（Bx°） 4.比重 5.酸度（%） 6.脂肪（%） 7.離心沉澱物（ml/10ml）		

工程名稱	原材料	流程	管制項目	管制基準	備註
包裝	包材	檢 查 － 成形－充填 包裝檢查	1.成品封合 2.成品日期 3.成品內容		
檢查		成品檢查	1.外觀 2.風味 3.糖度 4.比重 5.酸度 6.脂肪 7.蛋白質 8.離心沉澱物 9.生菌數 10.大腸桿菌 11.低溫菌數	1	 Bx % % % /ml
裝箱	空箱	裝箱	1.236g紙盒 2.974g PE瓶	1.60 盒/箱 2.16 瓶/箱	
入庫		入庫			

3.5 注意事項：

1. 為避免因清淨過程而將導致xx粉被脫除，在製造本產品時，不經清淨機。
2. 每Batch原料投入量之算法：各原料標準用量×（產量＋管路擠水＊）/100。例：產量3000L，使用UHT殺菌系統，可可粉用量為
   1×(3000 + 200) / 100 = 32kg
   ＊管路擠水：UHT殺菌系統為200L，CAT殺菌系統為143.3L

第六章

新產品研究與開發

第一節　研究發展的重要性

一、研發的重要性

研究與發展（Research and Develepment），簡稱為研發（R&D）。幾乎每一種工業，甚至每家廠商，或大或小都有研發部門。因為在這競爭激烈的商場，可以拼個你死我活的情況。然而競爭可分為：

1. 產品的競爭：價格與非價格的競爭。
2. 非價格的競爭：品質、衛生、包裝、風味等競爭。

二、研究發展所扮演的角色

1. 從產品生命週期的觀點來看
   ⑴ 如何延長或更新產品壽命，以增加投資資本的回收。
   ⑵ 如何開發有市場潛力的新產品，以填補舊產品所失去的市場或另闢新市場。
2. 從市場佔有率的觀點來看
   ⑴ 市場機會出現時，可及時介入。
   ⑵ 促使產品具備競爭力（成本、品質、特性、功能），能滲透市場擴大市場佔有率。

對於研發所投入的財力、人力、精神等來說，以台灣的明星工業的電子業為最多，製藥業因為利潤大且一種新藥品的推出常常會造成該公司的股票暴漲，所以無不全力以赴。反觀食品業就較保守，自然其投入的財力、人力、精神要相對減少。

三、研究發展的定義

研究的定義對企業界來說，是以發展為目的，藉科學的方法以達到目的者，然而發展的定義，究竟企業以追求利潤為目的，應用研究的成果，以製造新產品，或以新方法易生產。

研究與發展雖然為不同的活動，但兩者有密切的關連，其關係可示如圖：

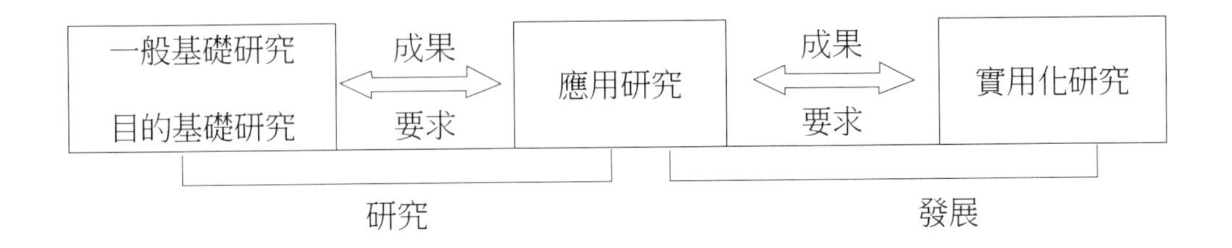

1. 基礎研究：不考慮應用性，則做純學術性、理論性新知識的探究為目的者。因不考慮商業價值，設備投資大，人力投入也多，以學校、研究機構、政府所屬機構做得較多。企業界雖然不參與但應隨時獲得資訊，看看是否應用於自己的產品或製程。
2. 應用研究：將基礎研究所獲得的知識或技術，應用於新產品或新用途或新製程開發的研究。其研究的目的在於實際應用，或在於解決問題。
3. 實用化研究：將基礎研究與應用研究所獲得的知識與技術應用於新產品或新製程的開發的研究。因為前面兩者只在實驗室所完成者。消費者對此新產品的嗜好性、接受性如何，則需市場調查。如果實際要大量生產時，要採取什麼機械、製程等都要加以探討。

四、食品企業的研發活動

食品企業因技術人員及研究經費的受限，大都以應用研究或實用研究為主。當然外國的大企業也有作基礎研究者，如美國的PXG做了不少基礎研究，並將其結果發表於學術性期刊上。或許這也是另一種代替公司作廣告的方法。

發展新產品的活動方面可分為：

1. 發展新產品

即完全新穎的，過去完全沒有見過的嶄新產品。對這種產品，一旦成功可能帶給公司莫大利益，但相對地如失敗風險也很大。平常在食品的新產品開發方面，成功率約15%。在食品的新產品方面，曾經發展者有汽水糖、冰淇淋罐頭等。

為了減少風險，企業可委託研究機構，如財團法人食品工業發展研究所，或大專食品科學系等代為研究開發，也可以用購買這些機構已經研發成果的成果，這包括專利權，或合併其他企業等。

2. 現有產品的改進

所謂新產品，其所指的不一定是嶄新產品。把現有的產品給予改進也算新產品，或該企業過去沒有生產過，而第一次生產也可以稱為新產品。

為了增加消費者對產品的吸引力與接受性，以增加銷售性必須改良改進，例如將現有產品的缺點改善，或顯出其特別，可做出長一點的香菸，有濾嘴的香菸，低膽固醇的食品等，平常改善的方法有：

(1) 品質的改善：質料、香味、品質等。

(2) 功能的改善：低膽固醇、低熱量、低脂等。

(3) 式樣的改變：長短、大小、色彩、包裝、形式等。

(4) 社會文化的改變：口味的改變，如甜味。

在企業界不斷推出新產品，例如飲料方面，從汽水、果汁推出罐裝咖啡，利樂包咖啡，從礦泉水至包裝飲用水，再發展至加味飲用水。從烏龍茶、小麥紅茶、寡糖、胡蘿蔔飲料等不勝枚舉。

3. 現有產品的改良更新

對現有產品找出新用途，以增加銷路，例如速食麵為了使其高級化，推出碗麵，附殺菌袋牛肉，同時也推出速食米粉、速食冬粉等。其他如開發紅麴作為健康食品等。

4. 降低成本

如何在不影響品質之下，甚至可提高品質的情形下由改變製程或改變原料來降低成本，以增加其競爭力。

5. 發展購買原料的檢驗方法與規格

在加入WTO（世界貿易組織）之際，企業都要有國際觀，則要符合國際所採用的化驗方法與規格。實際上一個企業，尤其是生產業者，對自己的產品，以及所採購的原材料都要擁有正確且公認的化驗方法與標準（規格），才不致引起糾紛以及節省經費。如某家食品公司在採購核苷酸時，最初企業本身不具化驗設備，以致感覺愈來愈不對勁，後來委託檢驗機構化驗，才發現供應貿易商竟然摻入其他物質，而純度不到50%。

6. 化驗對手產品

如受仿造，或要凌駕競爭對手，一定要了解對手的特性、品質、其優劣點，所以要化驗競爭對手產品，甚至其製造過程。

7. 副料、廢棄物的利用

在環保愈受到重視的今天，常因環保問題而產生工廠關閉的問題。如無法解決廢棄物問題，有時會造成遷廠至開發中國家的結果。

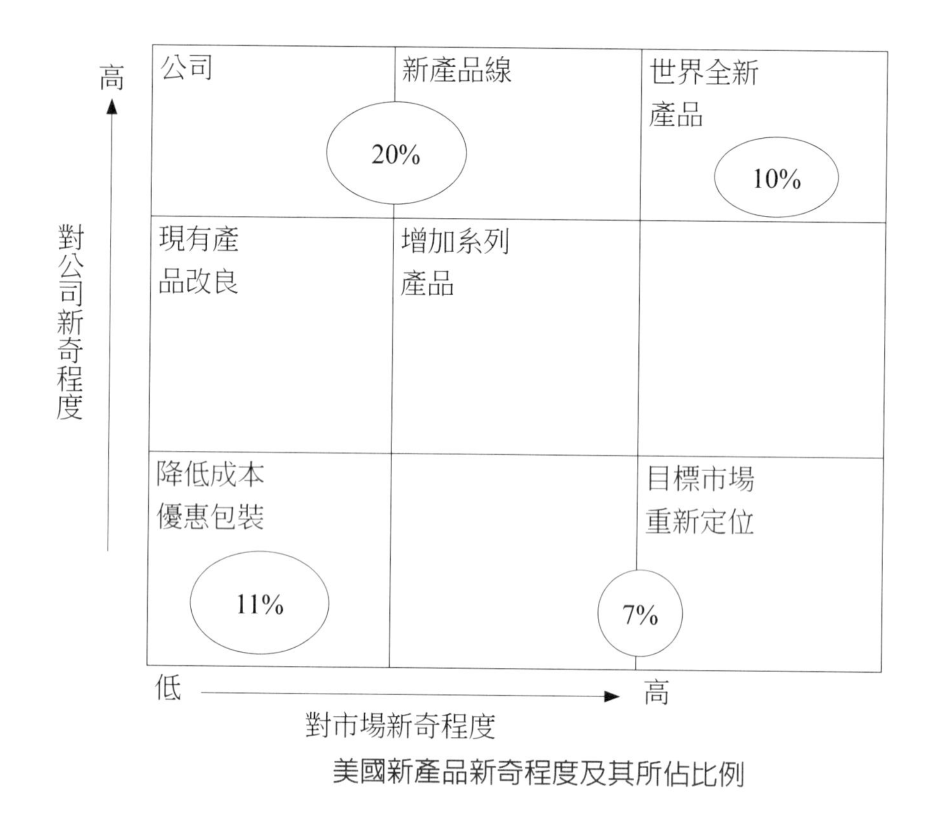

美國新產品新奇程度及其所佔比例

副料或廢棄物處理，如利用得當可能反而獲得很大利潤。例如，台灣的食用油工廠，其豆粕（抽油後）所賺取的利潤反而蓋過食用油本身的利潤。

其他如蘆筍工廠，將削皮的廢料，煮成蘆筍汁飲料是一種有利可圖的利用法。

第二節　新產品研究發展

一、新產品定義

常有人認為無中生有的，則過去所沒有的才稱為新產品，其實企業界所稱的新產品應包括新產品、新用途、新品種。

1. 新產品：在此所指新產品就是新穎的產品，但包含從來沒有見過的產品，以及該企業首次生產的產品。
2. 新用途：這是從已有的產品發現新用途，則改頭換面推出者，例如德國某家毒氣生產公司，在第二次大戰後，停止生產毒氣的化學武器，面臨工廠關閉的危機，後來發現該毒氣可用作農藥，而全新開始生產。
3. 新品種：指的是將現有的產品給予改良，這種改良包括包裝、配方、名稱、型態等。

二、新產品開發需要注意的特性

1. 嗜好性：食品要以色香味佳為第一條件，再加上組織性（咀嚼性）能滿足消費者。
2. 心理性：要符合消費者追求新潮（流行）尖端、名牌、身份、崇外，以及高貴等。
3. 耐用性：要堅固耐用，品質佳、精密度高、零故障、操作簡單。
4. 生產性：要製程簡單、省人工、機械化、電腦控制。
5. 健康性：營養豐富、消除疲勞、保持年輕美麗、抗老化等。
6. 經濟性：價格低廉、維護費低、方便、垃圾少。

三、市場介入策略

對新產品開發後，如何介入市場可分為下列幾種場合：

1. 首入市場：過去不曾生產此類產品，為首次推出此類產品。
2. 老二主義：讓別人打先鋒，等市場開闢了才跟進，如此就會節省不少廣告費，但相對地也拱手將大部分市場給第一家推出廠牌。在電器用品上，國際牌永遠不願意走在前面，而都跟在新力牌的後面，然而往往其產品因品質、能力更強而會凌駕新力牌的銷售量。

3. 應用工程：不特別加於研究開發，以現有的技術及設備生產此種別家所推出的產品，自己工廠也試製並評估具市場潛力。
4. 大夥跟進：等該新產品做廣告，推出後，市場已趨於穩定後，各廠商紛紛跟進。例如速食麵，當初生力麵為台灣第一家生廠廠商，後來維力麵、王子麵、統一麵等紛紛推出於市場。

四、新產品開發方法

研究發展可分為「自行研究開發」與「技術引進」兩種。後者再可分為：

1. 購買專利權
2. 購併公司或以控股方式取得技術
3. 技術合作或技術授權
4. 合資建廠
5. 合作研究
6. 委託研究
7. 聘請技術顧問
8. 整廠輸入
9. 策略聯盟

五、新產品開發步驟

在新產品開發時通常都會組織一個新產品開發委員會，由各有關部門派員參加，再由公司負責人或指定，獲選出一個人做為召集人。定期或不定期開會，督促進度及決定方向等。

新產品創意的來源可分為顧客、競爭產品、業務人員、政府機關、國內外食品展、供應商、經銷商、市場調查、公司上司決策者、員工提案、科技發展成果。

附表為統一食品公司的新產品提案初步評估表：

新產品提案初步評估表

編號＿＿＿＿

提案名稱			評估者： 評估單位：　評估日期：	
評估項目		加權比率	評估分數	備　註
公司策略及財務	公司策略	8		
	銷售額預測	8		
	投資費用	8		
	投資報酬率	8		
	固定投資回收年限	8		
研究發展	研究技術能力	4		
	專利或特殊技術	4		
	市場開拓及推廣難易	4		
生產技術	原料來源	4		
	設備應用	4		
	製造及工程技術	4		
產品及市場	產品競爭情況	4		
	產品競爭力	4		
	產品壽命	4		
	季節性及週期性	4		
	與現有產品線配合	4		
	與現有產品之影響	4		
	現有顧客接受性	4		
	市場潛力及發展趨勢	4		
	售後服務			
評估總計		100		
決策：				

統一食品公司提供

產品開發運營體系圖（實施實例）　　（統一食品公司提供）

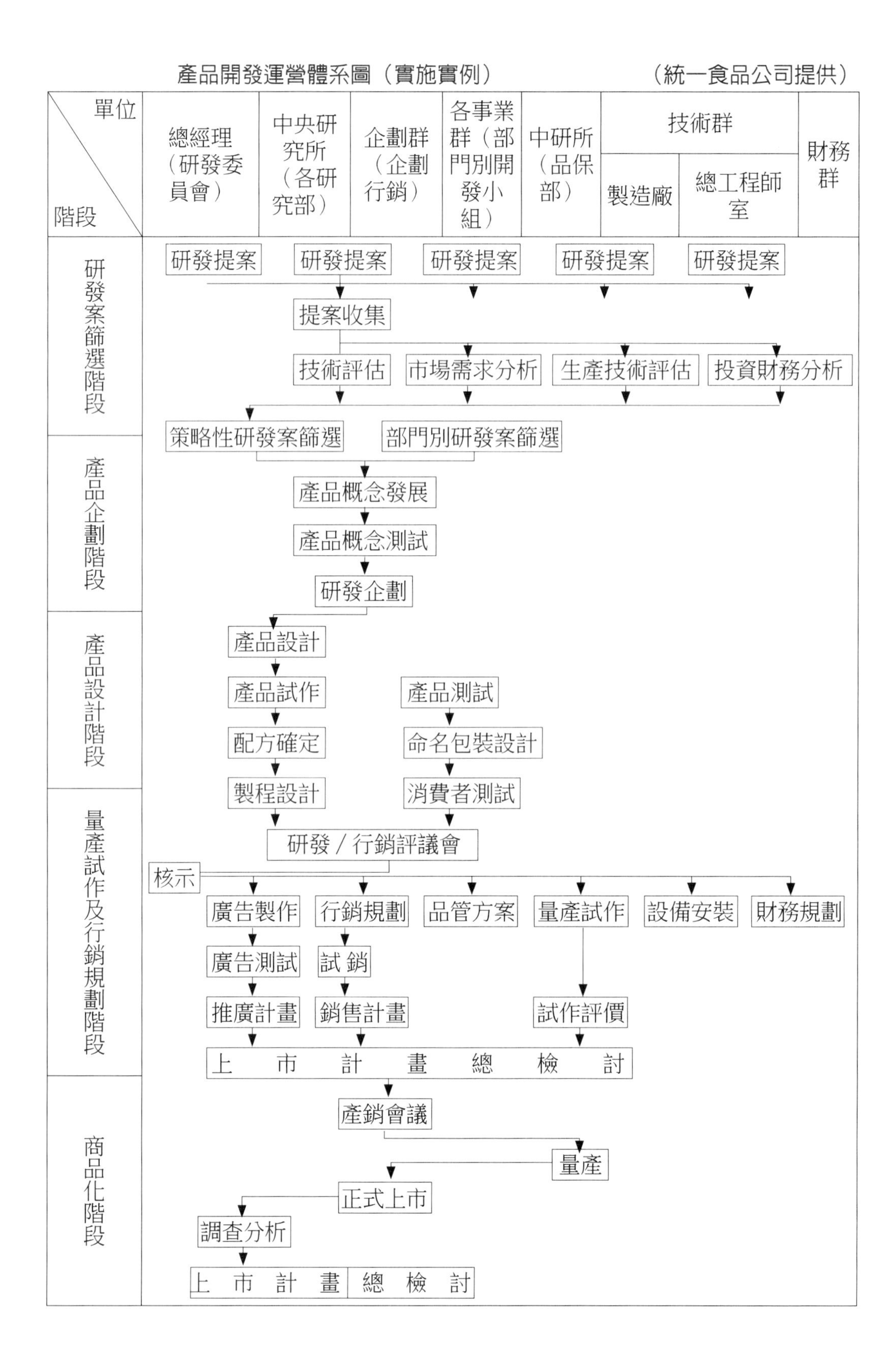

1. 產品概念：要發展新產品，首先要建立產品概念。

(1) 發展的新產品要有效反應顧客需求，即是具備優點及利益訴求，才能與競爭產品區隔，在市場占有一席之地。

(2) 注意產品基本要素；外觀、功能、形象等，這些都是產品的靈魂。然而這些因素對產品功能設計、品牌、命名、包裝設計、廣告策略、銷售策略等有密切關係。

(3) 產品概念最終目標是將消費者的想法，忠實地表現在產品設計上。

(4) 產品概念產生方式可再細分為

①消費者提案：設立消費者諮詢專線電話，專辦新產品提案比賽，消費者訪問，消費者座談。在文具或廚房用具方面，紛紛推出新花樣。這是由企業定期或不定期舉辦，消費者（尤其是家庭主婦）的座談會，供應茶點，請參與者自由提出新概念，如所提出構想，一旦成熟做為產品推出後，還會發獎金給提案人。

②城市觀察法：這是到各城市或各大超級市場觀察其銷售商品及狀況，以做比較、分析、仿製、改良等。

③暢銷商品解析法：將暢銷商品或競爭對手產品給予解析，了解其優劣點，優點加於仿製或更改進，缺點即給予改良，以達到優於對方產物為最終目的。

2. 產品設計、試做及測試

俟產品概念成熟，即得到新產品開發委員會的認可，或同意後即要開始產品設計、試做及測試了。此時除了一般研究開發要注意事項以外，更要注意下列事項。

(1) 產品的功能應符合其優點訴求，則要符合消費者需求及廣告所宣稱的優點。將需求反應在產品的特性上，同時也以此來做產品設計。

(2) 新產品應由研發與行銷人員共同合作產生。

(3) 產品設計時，應同時考慮到將來量產時的成本、製程以及技術能力等。

3. 產品測試

(1) 做出雛形產品後，先請實驗室同事來品嚐。

(2) 在公司內擴大測試。

(3) 專家以及消費者測試。

這測試的目的在於了解新產品是否已達成該標榜的功能、特性、操作性、維修性、價格、外觀等。該產品吸引力夠不夠，對食品來說，其官能特性、色香味、組織、內容物、內容量、包裝、價格、使用方法等，有無符合消費者的需求。

當然，除了單獨新開發產品以外也可同時將多種產品（配方）測試，或與競爭品牌做比較測試。此時，宜除去包裝，不讓參與測試人員得知該樣品來源，才能獲得客觀結果。

4. 包裝設計

新產品的研發到最後階段就要考慮包裝設計。包裝設計要注意下列幾點：

(1) 要獨特、鮮明、引人注目。

(2) 與產品定位、定價有密切關係，為銷售策略的一環，要能突出「品牌記憶」。

(3) 要注意商標法以及食品衛生法的規定，例如規格、有效期限、成分、使用說明書等。

(4) 包裝設計不要受到生產設備，包裝成本等因素所限制。

(5) 包裝設計通常由開發者提出構想，委託廣告公司設計，開發者應就包裝形狀、大小、材質、色澤、質感、條碼、商標以及其他法令規定等資料說明清楚。

5. 產品命名

新產品研究到了完成時期，就要考慮如何命名，平常命名要注意下列幾個原則，因為一個產品的名稱往往會影響該產品的成功與否。

(1) 能反應產品的主要特點訴求。

(2) 易讀、易懂、易記。

(3)避免與其他品牌雷同。

(4)配合商標註冊。

在命名時要經過下列步驟：

(1)了解新產品的特性及要表現的訴求。

(2)掌握目標消費者的特性。

(3)符合產品銷售策略。

(4)先想出100個以上名稱。

(5)再篩選較合適者20個，並調查是否已被登記。

(6)徵求消費者的意見。

(7)選出最適宜名稱，並辦理商標註冊登記。

6. 新產品正式上市

經過各種階段，順利完成後，新產品終於要推出，新產品推出推常要有如下的幾個手續。

(1)上市簡報

讓有關人員了解新產品優點，舖貨目標，行銷計畫，以增加其信心。

(2)進行舖貨

要配合發表會、廣告、調查。

(3)新產品發表會

配合舖貨、廣告、調查。

(4)調查分析

①舖貨調查：舖貨是否普遍，有無上貨架，排面與位置是否理想。

②廣告效果（品牌知名度）調查。

③消費者使用情況調查：該新產品普及率、選購品牌、購買頻率、重複購買意願等。

(5)努力執行行銷計畫。

(6)追蹤上市後結果

上市後追蹤環境因素，如景氣、通路、媒體報導、競爭對手干擾是否造成影響，並檢討應變之道。

(7) 售後服務與抱怨處理

7. 新產品上市失敗的原因

根據報告舉出失敗率相當高，我們常在市場上曇花一現式的新產品推出後，不久就銷聲滅跡。至於新產品成功率，有人說不到60%，工業品更達80%，至於能持續在市場上存在者更少。其上市失敗的原因可分為：

(1) 市場調查不夠徹底——常見的錯誤是：

①高估了潛在銷售額。

②低估了對手的實力。

③不懂顧客購買的產品市場。

(2) 產品本身的問題與缺點。

(3) 急於推出，忽略不利情報。

(4) 市場定位不佳，廣告效果差，或價格太高。

(5) 超出預期成本。

(6) 仿冒、競爭者加入市場（無專利保護）。

(7) 缺乏通路成員的支持。

(8) 消費者的嗜好改變。

第三節　政府對研究發展的獎勵

有鑑於研究發展對經濟成長的重要性，經濟部定有「定獎勵生產事業研究發展費用列支辦法」，則可將該公司營業額，按規模可提列不同金額作為研究發展費用（食品工業為0.8%）。這些研究發展費用可享受免稅的優待。這些費用要使用於新產品的研究發展，改進生產管理技術，購買外國技術等。

企業如為提撥，或未達此比例時，則強制把不足的差額繳交「經濟部研究發展基金」，如業者不從，就要撤銷其可享受「獎勵投資條例」的獎勵措施，所以各企業在編列有關規定來處理。

政府為了保護研究發展，則防止仿冒而設有專利制度，所以在研究發展時最好能先申請專利，以保護本身利益。依據我國專利制度規定，專利可分為三種：

1. 發明專利：具有產業上利用價值，而為新發明者，期限為二十年。
2. 新型專利：對於物品之形狀，構造或裝置首先創作，合於適用之新型者，期限為十五年。
3. 新式樣專利：對於物品之形狀、花紋、色彩，首先創作，適於美感之新式樣者，期限為十年。

食品本身不能申請專利，例如不能以創新食品，如非啤酒或冰淇淋汽水等來申請專利，但可就食品的配方或製造方法來申請專利。在國內外，就食品本身能否申請專利曾經有很多爭議，可能有些國家已開放食品本身不得申請專利的限制。

如果申請專利經審查通過，公布而無人提出異議，即可獲得專利而享有專利權保護，但如果要防止國外地區仿冒，就另外要向外國申請專利。

第七章

人力資源管理

第一節　前言

第二節　人力資源管理方法

第三節　新人力資源管理法

第四節　人力資源管理

第五節　日常制度管理工具

第一節　前言

一、人力資源管理的意義

人力資源管理是探討如何建立優良、建立的人力資源制度，促使人力資源與工作能密切互動，發揮有效的人才運用，提高工作效率，降低成本，增加公司利潤。

生產活動中的一切要素通稱為資源，包括人力資源、物力資源、財力資源、信息資源、時間資源等，其中人力資源是一切資源中最寶貴的資源。

人力資源具有智力勞動和體力勞動能力的人們的總和，它包括數量和質量兩個方面，包括體質、智力、知識、技能四個方面。

人力資源管理是指企業的一系列人力資源政策以及相應的管理活動。這些活動主要包括企業人力資源策略的制定、員工的招募與選拔、培訓與開發、績效管理、薪酬管理、員工流動管理、員工關係管理、員工安全與健康管理等，亦即企業運用現代管理方法，對人力資源的獲取（選人）、開發（育人）、保持（留人）和利用（用人）等方面所進行的計畫、組織、指揮、控制和協調等一系列活動，最終達到實現企業發展目標的一種管理行為。

人力資源與其他資源一樣也具有特質性、可用性、有限性，管理階乘的人要想充分掌握及應用所雇用的人員，必須對屬下有所了解，不像其他生產要素單純及可預測。每一個人在為工廠、企業工作的同時，也為他個人的目標努力，因此對人的管理沒有公式，也無萬靈丹，只有靠增進對人的了解與處理的技巧才有效。

二、現代人力資源管理的特徵

新的人力資源觀念對員工管理有如下的特徵：

1. 人本特徵：人力資源管理採取人本取向，本著員工是組織的寶貴資產的主題，強調對人的關心、愛護，對人加以保護、使用和開發。
2. 專業性與實踐：人力資源管理是組織的最重要的管理職能之一，具有較高的專業性，表現其高度的應用性，旨在實現企業經營目標的主要手法。
3. 雙贏與互惠：人力資源管理採取互惠取向，強調管理應該是獲取組織的績效和員工的滿意與成長的雙重結果；強調組織和員工之間的「共同利益」，並重視發掘員工更大的主動性和責任感。
4. 策略性與全面性：人力資源管理的重點在於創造競爭優勢的人員的管理上，即以員工為基礎，以知識員工為中心和導向，是在組織高層進行的一種決策性、策略性管理。是對於全部人員的全面活動和任用、培訓、發展的全過程的管理。只要有人參與的活動，就要進行人力資源管理。
5. 管理理論的科學：人力資源管理採取科學取向，重視跨學科的理論基礎和指導，包括管理學、心理學、經濟學、法學、社會學等多個學科，因此現代人力資源管理對其專業人員的專業要求更高。
6. 系統性和整體性：人力資源管理採取系統取向，強調整體地對待人和組織，兼顧組織的技術系統和社會心理系統；強調運作的整體性，以求得人力資源管理各項職能之間具有一致性，能和組織中其他系統相配合。

三、人力資源管理的內容

人力資源管理的內容通常包括以下事項：

1. 職務分析與設計：對各個工作職位的性質、責任，以及勝任該職位人員的素質，技能等，在調查分析所獲取相關信息上，編寫出職務說明書和崗位規範。

2. 人力資源規劃：把企業人力資源戰略轉化為中長期目標和政策，包括對人力資源現狀分析、未來人員供需預測與平衡，確保在需要時能獲得所需要的人力。
3. 員工招聘與選拔：根據人力資源規劃和工作分析的要求，為企業招聘、選拔所需要人力。
4. 績效考評：對員工在一定時間內的貢獻和工作中取得的績效進行考核，及時做出反饋，以便提高和改善員工的工作績效，併為員工培訓、晉升、計酬等提供依據。
5. 薪酬管理：包括對基本薪酬、獎金、津貼以及福利等薪酬結構的設計與管理，以激勵員工。
6. 員工激勵：採用激勵理論和方法，對員工的各種需要予以不同程度的滿足，以激發員工向企業所期望的目標而努力。
7. 培訓與開發：通過培訓提高員工個人、群體和整個企業的知識、能力、工作態度，進一步開發員工的智力潛能，以增強人力資源的貢獻率。
8. 職業生涯規劃：鼓勵和關心員工的個人發展，幫助員工制訂個人發展規劃，以進一步激發員工的積極性、創造性。
9. 人力資源會計：與財務部門合作，建立人力資源會計體系，開展人力資源投資成本與產出效益的核算工作，為人力資源管理與決策提供依據。
10. 勞動關係管理：協調和改善企業與員工之間的勞動關係，進行企業文化建設，營造和諧的勞動關係和良好的工作氛圍，保障企業經營活動的正常開展。

為了提升對人的了解及處理的技巧，人事管理已能綜合應用許多學科共同來進行：

1. 應用社會學：研究人的地位、角色、酬勞、社群組織等問題。
2. 心理學：研究人性的內在動機、需要、情緒、激勵等問題。

綜合應用這些學理，去了解與應用企業的人力資源，以求得最大的表現。

四、最近對職場工作中的人的本質

1. 人的個別性（Individual difference）

   所有的人有共同點，但每個人與人之間仍有甚大差異，且為各方面的。此差異對每一個人都有重大意義，每個人都重視自己個別的獨特性，差異的造成有的是與生俱來，有的是後天造成。

   由於人具有個別性 所以對人的管理必須個別化，才能收到更大的效果。對人的管理，不宜全部標準化、法規化。

2. 人的完整性（A whole person）

   通常企業用人時所考慮的是一個人的智慧與技能，需知企業體所採用的人並非是他身上的某一部分，而是他的整個身心。除了智慧與技能，隨他帶進公司的還有他的個性、生活習慣、情緒、嗜好、交友等，這些對他的工作都有好壞的影響。

   管理人員除了要應用他的知識技能，對附在他身上的各種要素也要注意掌握，才能有效掌握應用一個人。

3. 人的行為帶有動機（Caused behavior）

   人的行為都受到內心需要的激發，當人有了某種需要，如果環境允許，就會想辦法去達成，乃產生了行為。所以人的行為原因，主要不是受他人的指使，而是受自己內心需要的驅使，管理人員之所以能發揮其管理的效果，乃因其掌有滿足員工需要的工具，如薪津、升遷、獎賞、地位。

4. 人的尊嚴（Human dignity）

   人不同於其他生產要素即在此。處理人的事情時必須要注意到人的尊嚴問題，員工的職位再低，仍然要給予適當的尊重，而且要承認其具有工作上某一方面的才幹與抱負，並給予他發展自己潛能的機會，即在他的責任範圍內，給予他限度內執行其工作的自由。

五、職場中個人的需要

1. 人是有需求的動物，隨時都有某些需要有待滿足。在職場中員工個人的需要的種類很多，究竟哪一種需要較重要，或哪一種是他們積極追求的，以便管理人員用其來管理激勵？依馬斯洛 （A. H. Maslow）看來，員工的需要是可分成五個層次，最基本的就是先滿足生理的需要，如下圖所示，可以說每一個人生活上所需的，食、依、住、行等，屬於最低層次的須先取得滿足。接著會對工作的保障與未來的發展有所期望，此為第二層次「安全的需要」，當生活無慮之後就產生了社交的期待，如果員工能參與議和其他的活動，獲得朋友的互動，則對工作會有激勵作用，至於工作所達成階段目標，往往期盼得到一定的地位與別人的尊敬，那就是更高層次的需要，而職場個人願意盡全力努力追求的，想完成自己希望完成的工作，就是最高層次的滿足自我的成就。

   低階層次的需要比較容易滿足。這可以從合理的工作薪資獲得。企業只要給予員工適當的滿足需求，就能激勵員工

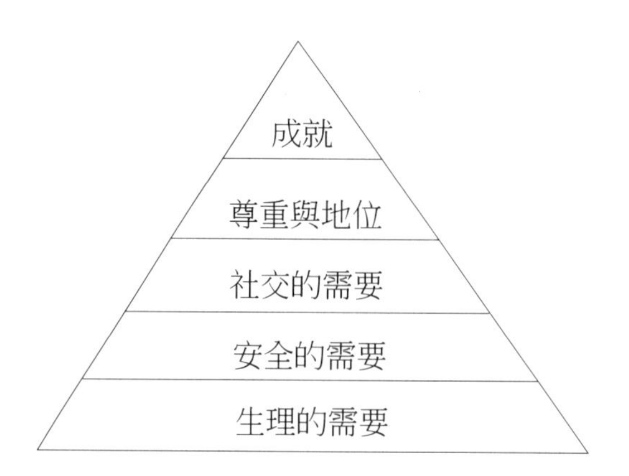

2. 工廠員工的需要，具體的說有如下種類：

   (1) 公平的待遇

   (2) 升遷的機會

   (3) 職業的保障

(4) 良好的工作環境

(5) 職業的榮譽

(6) 能幹且開明的主管

(7) 工作的意義

(8) 決策的參與

六、人力資源管理的目的

如想擁有優良的員工，必須有優良的人事制度，其目的如下：

1. 建立完整的人事制度，確實實施。
2. 用人唯才，提拔優秀人才。
3. 合理報酬，注重員工福利。
4. 賞罰分明，公平考績。
5. 同工同酬，團結和諧。
6. 訓課培育，升遷管道暢開。
7. 注重人性，鼓勵士氣，激發向心力。

七、工作環境的改變

1. 辦公場地的電腦化，功用的改變。
2. 企業經營的多角化，高水準化。
3. 職業觀改變與生活型態多樣化。
4. 高齡化影響活力。
5. 女性參與意願增加。
6. 勞基法的修正。

第二節　人力資源管理方法

人力資源管理最重要的是如何找到適當的人才，怎樣加予訓練以便發揮其才能，並如何加以留任。

一、求才

1. 訂定公司組織，設定主管，各級幹部職稱、任務、各部分編制、組成人員職稱、名額。
2. 人才羅致
   (1) 在報紙、雜誌登載求才啟事。
   (2) 在青輔會、就業輔導中心、介紹所等登記。
   (3) 在校園舉辦就業輔導活動，或由學校推介。
   (4) 員工或親朋好友推薦。
   (5) 建教合作。
   (6) 挖角（由人才推介公司介紹）。
   (7) 自我推薦（應徵）。
   (8) 上網路。
3. 甄選人才
   (1) 審查學歷表、自傳、著作、推薦書、學校成績、證書、執照等。
   (2) 考試（專業、智力測驗等）。
   (3) 面試（談吐、儀表、學歷、應變能力等）。

二、訓練教育

1. 在職教育

  (1) 新進人員訓練（長官訓話、公司介紹、專業訓練）。

  (2) 建教合作（與學校合作，進行長、短期訓練）。

  (3) 專業訓練（就各專長分開舉辦）。

2. 訓練方式

  (1) 深造教育（以留職留薪或留職停薪等）。

  (2) 補習教育（保送夜間部，或邀請教師補習）。

  (3) 派遣實習（派遣至技術合作等單位實習）。

  (4) 考察、參觀（參觀或考察有關公司、展覽會、市場等）。

  (5) 輪調、調職等。

三、選派人才

1. 派任

  (1) 較清楚出缺或創新職位與任務。

  (2) 選任幾位候選人。

  (3) 評選的標準要先決定。

  (4) 收集候選人資料（推薦書、考績、學經歷、打聽等）。

  (5) 公平選拔候選人。

2. 人事調整

  (1) 晉升

    ①晉升要機會均等且公平。

    ②能發揮員工鼓勵作用。

    ③應依考績、學經歷、年資、能力等考慮。

(2) 降級

①因懲罰、業務緊縮、裁減人事等。

②減低對員工打擊最低程度。

③機會均等，不要以私人恩怨行事。

④應考慮能力、考績、年資、學經歷等。

(3) 遣散

①應發遣散費。

②歇業、轉讓、虧損或業務緊縮時。

③不克抗力暫停工作達一個月以上。

④業務性質改變時。

⑤因戰爭、天災等以致無法繼續營業時。

(4) 薪資管理

①薪資制度要具體、明確、公開且事先說明。

②部分採用保密制度，即可討價還價，且薪水直接匯入銀行存戶。

③優良的制度是薪資部分固定，部分變動（尤其是獎金部分）。

④薪資與同行比較，要符合行情，不要由於偏低而人才流失。

⑤獎罰員工要及時獎勵或處罰。

(5) 考績

按對公司的貢獻、考勤記錄、獎懲記錄等公平考績。

(6) 獎懲

①口頭的勉勵、升遷。

②獎勵方法：嘉獎、記功、獎金、晉級、加薪、獎狀（獎章）、選派深造、表揚、出國考察、讚美。

③懲罰：記過、申誡、降薪、降級、開除、移送法辦。

四、留才

如何獲得優秀的員工留住為公司效命，以及安心工作。

1. 員工福利：利用生產下腳物、副產品謀福利金，補貼旅遊等。過年、過節發放福利金，生日結婚、喪事發放禮金，或禮物。
2. 退休與撫卹：訂出退休與撫卹辦法，發放退休金、撫卹金。
3. 勞保、全民保險、房屋貸款、生命保險等由公司負擔部分保險費。
4. 安全與衛生：謀求工作場所的安全與清潔。
5. 勞資關係：建立以廠為家、工業民主、建立勞資一體的共識，讓員工參與經營，建立員工申訴制度。

表　工作說明書與工作規範 範例

<table>
<tr><td colspan="2">工作單位</td><td></td><td>直屬主管</td><td></td></tr>
<tr><td colspan="2">職位名稱</td><td></td><td>姓名</td><td></td></tr>
<tr><td colspan="5">職位目的與功能摘要</td></tr>
<tr><td colspan="5"></td></tr>
<tr><td colspan="2">主要職責</td><td colspan="3"></td></tr>
<tr><td rowspan="6">工作內容</td><td></td><td colspan="2">工作項目</td><td>權重%</td></tr>
<tr><td>1</td><td colspan="2"></td><td></td></tr>
<tr><td>2</td><td colspan="2"></td><td></td></tr>
<tr><td>3</td><td colspan="2"></td><td></td></tr>
<tr><td>4</td><td colspan="2"></td><td></td></tr>
<tr><td></td><td colspan="2"></td><td></td></tr>
<tr><td>所需資格條件</td><td colspan="4">學經歷／技術／語文／證照／電腦／工作報告</td></tr>
</table>

第三節　新人力資源管理法

一、新趨勢

1. 能力主義為主：不管其學歷、經歷、性別以對公司的貢獻為主。
2. 讓個人自由發揮其能力。
   (1) 多線化：讓員工選擇或由考核安插職位。
   (2) 流動化：讓員工選擇職類，或調換職位。

二、人事戰略目標

1. 促進活力辦法
   (1) 登記制度：主管推薦、員工自己提出申請、內部徵募。
   (2) 考核能力：定期邀談員工。
   (3) 主管任期制或輪調制。
   (4) 內部創業，分公司制度（自己開店或連鎖店）。
   (5) 提出新構想、建言會制度、公司內競賽（品管圈）。
   (6) 單身負任補助制度（大陸分支機構派任或輪調），可發津貼、慰勞假、獎金。
2. 雇用型態的改變
   (1) 契約聘雇制度。
   (2) 限制工作地點。
   (3) 前程規劃：訂出界遷時間表。
   (4) 在家上班、電腦連線：包辦制、輪調制。

三、鼓舞員工士氣辦法

1. 鼓勵員工努力工作

(1) 以職能、有無執照給予分級。

(2) 發給技術津貼、職務加給、提高薪資比例。

(3) 保送進修、受訓、技術及學術交流。

(4) 表揚、留學、修學位、專利及論文發獎金。

2. 空降人員的任用

由挖角來任用的空降人員有利也有弊，由於空降人員有其優異的經歷、技術等才會羅致，對技術的改進，更新組織與新氣象都有幫助，也可刺激原有員工的幹勁。

但要注意的是給予評價要公平，不要將空降人員集中在一個單位中，告知公司的規定與慣例，避免說「我以前的公司如何如何」等。

某些公司絕不採用空降人員，原因是要由內升，鼓勵員工士氣，增加向心力。

3. 提高女性員工的士氣

(1) 有效運用女性的細心、耐性等特性。

(2) 脫離打雜、花瓶的印象。

(3) 男女平等、同工同酬。

(4) 不驕縱女性員工。

4. 實施外調制度

隨著業務發展、公司的需要，常在國內外設置分支機構，設廠需要派遣員工至分支機構以及工廠服務。在這情況下，要注意下列幾點：

(1) 在就業時，簽約中即規定可外調。

(2) 業務需要時才外調。

(3) 明白說明外調工作性質、待遇、休假等條件。

(4) 人選要公平、適當。

(5) 要本人、眷屬同意。

第四節　人力資源管理

一、食品公司員工手冊範例

1. 總則
2. 服務守則
3. 任用
4. 解職
5. 工作時間
6. 加班
7. 請假及休假制度
8. 國內出差管理辦法
9. 獎懲
10. 考核
11. 薪資
12. 勞保福利
13. 其他日常管理制度
14. 環境衛生管理
15. 附則

1. 總則

1-1 本手冊依據「xx食品有限公司人事管理規則」及有關之法律編訂而成。

1-2 本守則適用於公司所有之職工。

2. 服務守則

2-1 職工應遵守本公司之一切管理規章。

2-2 職工對於所屬主管在職務範圍內的指揮有服從的義務，對指派擔任的工作應竭誠接受並切實執行。

2-3 在工作時間內，職工除非得到總經理核准，不得進行公司指派職務外的活動。

2-4 職工應恪守職位，對於所經辦之事項應適當處理，不得弄虛作假。

2-5 職工對於公事應循級而上，不得越級呈報，但緊急或特殊民政部不在此限。

2-6 職工除對外輸公司業務外，不得使用公司名義；未得到總經理書面准許，不得兼職他業。

2-7 職工對於公物不得浪費、故意毀損、更換或未經許可而任意使用。

2-8 職工對公司之業務活動及生產、配方技術及管理規定應嚴守祕密，不得洩露。

2-9 職工應言行篤慎、廉潔、生活嚴謹、摒除一切不良行為以確保公司之信譽。

2-10職工于工作時間內未經核准不得接見親友或擅自離開崗位。

2-11職工對公司各項業務有提供合理化建議的義務，公司對於提出有效合理化建議的員工，應根據有關獎勵條例給予適當之獎勵。

2-12職工如違反公司管理規定，公司依情節輕重根據有著規定給予懲處。

3. 任用

3-1 本公司聘任之各級以學識、品德、能力、經驗、體能為考慮，並一律經考試（含筆試或面試）後擇優錄取。

3-2 職工對本公司任用時，應提取繳下列文件以備公司核驗：

3-2-1 離職證書（剛畢業者免繳）。

3-2-2 待業證或失業證。

3-2-3 畢業證書正本。

3-2-4 戶口名簿及身分證正本。

3-2-5 身體健康檢查證明。

3-2-6 其他經公司指定應繳的資料。

3-3 凡經錄取的職工，需經公司試用考核，試用期間為三至六個月，試用期滿經考核通過者，始得正式任用。

3-4 凡接受本公司聘任者，必須先自原工作單位完全離職並取得離職證明、繳齊本公司規定之文件並與本公司簽訂勞動合同後，始得接受本公司聘任。

3-4-1 經本公司出資培訓或出資考察者須另訂合同，作為勞動合同之附件。

3-4-2 本公司技術人員及可接觸到專有技術之人員須另訂技術保密合同書，作為勞動合同的一部分。

3-5 凡有下列情形之一者，不得聘任為本公司職工。

3-5-1 犯有刑事案件或曾被拘役者。

3-5-2 財產受凍結尚未撤銷者。

3-5-3 通緝在案者。

3-5-4 虧空公款或因贓私被處罰有案者。

3-5-5 吸食毒品或其他代用者。

3-5-6 患有隱藏性疾病或傳染病者。

3-5-7 經本公司指定醫院體格檢查不合格者。

3-6 本公司實施保證責任，凡公司所規定須辦理食品店手續之人員，應辦妥手續後始得任用。保證人對被保證人在本公司之一切行為應負連帶之責任。

4. 解職

4-1 本公司解職系指勞動合同期滿或因故解除勞動合同（包括退休、死亡等）或違反規章制度被公司開除等，公司予以終止聘任關係之謂。

4-2 職工符合下列情況之一者，本公司可以依法解除勞動合同，辭退職工。

4-2-1 職工在試用期間內，被證明不符合錄用備件者。

4-2-2 職工患病或者非因公負傷，在規定的醫療期滿後不能從事原工作者。

4-2-3 職工因嚴重違反本原則，或按照勞動合同規定應予解職辭退者。

4-2-4 因生產經營或者技術條件發生變化有減少人員之必要，本公司又無適當工作可供安置時。

4-2-5 經與職工協商一致，由公司解除勞動合同時。

4-2-6 職工不能勝任工作，經調整工作或培訓仍無法勝任時。

4-2-7 公司因轉讓、竭業、虧損或業務緊縮時。

4-2-8 職工受刑事處分或拘役者。

4-2-9 患有隱藏性疾病或傳染病者。

4-2-10 經本公司指定醫院體格檢查不合格者。

4-2-11 其他違反本公司工作規則或各項管理規定被開除解雇情事者。

4-2-12 其他法律、行政法規規定之解除勞動合同事項者。

4-3 職工有下列情況之一時，職工可依自己需要向公司提出解除勞動合同之申請。

4-3-1 職工因病或者非因工負傷在規定醫療期內者。

4-3-2 職工因負傷或者患有職業病，在醫療期間者。

4-4 死亡：凡職工不論因公或其他事故死亡，勞動合同自然中止。

4-5 職工請假已逾期限者，本公司得書面通知中止勞動合同並辭退職工。

4-6 若職工擬提出解除勞動合同者，應於一個月前書面通知公司，經公司核准後，方可辦理解除勞動合同，勞動合同未辦理而擅自離職，公司予以曠工開除論，並追償相關賠償事宜。

4-7 辭職程式及流程

4-7-1 職工欲辭職須到人事課領取辭職申請書，並依次審批，除高中（含）以下學歷的人外，都須經總經理批准。

4-7-2 辭職審請批准後，職工再到人事科領取工作移交清冊和離職手續清單，進行工作移交和其他部門的交結，完畢後交人事科，事科據此發放當月薪資和退還保證金或人事檔案。

4-7-3 未按正常手續辦理辭職者，當月薪資暫扣不發，直至手續完善。

4-7-4 職工除死亡或因故本人不能親自辦理離職手續者外，需由本人親自或書面委託辦理離職手續後，方可離職，否則公司若蒙受各種損失時，職工應負賠償責任。

4-8 職工如違反勞動合同給公司造成經濟損失，應根據損失狀況和責任大小給予公司賠償；由公司出資培訓的職工另依「培訓承諾書」規定之離職賠償辦法賠償合同。

5. 工作時間

5-1 本公司公司每日工作8小時，平均每週工作40小時工作制。

5-1-1 職工應於工作時間前十分鐘到崗，做好準備工作。

5-1-2 公司正常班員工上下班時間8：30～12：00、13：00～17：00。

5-1-3 本公司視生產、業務需要，實施倒班或其他調休作息。

5-2 職工上下班採用打（刷）卡制度，規定如下：

5-2-1 職工每天打（刷）卡四次，上下班各一次，用餐前後兩次（刷）目測時間須隔15分鐘以上，否則視其忘記打（刷）卡，須請假半小時。

5-2-2 職工除因公出差或因故請假外，均須遵照規定時間親自打（刷）卡。

5-2-3 職工無正當理由或非常緊急事件未上班者，概以曠職論。

5-2-4 輪班人員需俟接班人員上班後或由主管安排人員接班後方可下崗位，否則以擅離職位議處。

5-2-5 提前等候打（刷）卡者，依擅離職守議處。

5-2-6 職工上下班遲到，一律請假並依相關規定扣減薪資。

5-2-7 委由他人代打（刷）卡者，一律以開除論，代打（刷）卡相同議處。

5-2-8 忘記打（刷）卡但準時出勤時，應持卡經部門經理簽核證實後依請假半小時計；若未申請忘打（刷）卡者，以曠職計。

6. 加班

6-1 本公司因業務、生產或其他臨時需要，得由各級主管閱覽室指派職工於正常工作時間外或休息日、法定假日加班，職工不得拒絕。

6-2 職工加班應提前填寫「加班申請表」。

6-3 加班須打加班卡，並於事後填寫「加班週報表」，加班時數以考勤卡為准；加班以半小時為計算單位，不滿半小時不計算。

6-4 職工加班可不領加班費而申請存休，每加班一小時可以存休一小時，但每月每人最多可申請存休兩日，且每月每人存休假累積不超過2日，超過部分折算加班費發給。

6-5 業務員依實際需要勤務，不得申請加班。

7. 請假及休假制度

7-1 職工請假時，應於事前親自填具「請假公出單」並檢附有尖證件呈請核准，除遇有急病或緊急事故，得委託他人代辦請假手續外，其餘非經核准不得先行離職，否則以曠職論。

7-1-1 請假必須將經辦事務委託同事代理或請主管派員代理。

7-1-2 未辦請假手續而擻離職守，或假期已滿仍未上班、續假，或捏造請假理由矇騙主管給假者以曠職論。

7-1-3 請假核決許可權：三日內呈部門經理，三日以上報總經理批准。

7-2 公出請假規定：

7-2-1 因公外出須填寫「請假公出單」，述明事由及出入時間，經直屬部門經理核准後，始可外出。

7-2-2 職工出入公司，均需打（刷）卡，若超過預定時間回廠，除向直屬主管述明原因外，應另行更改或補寫公出申請單。

7-3 本公司給假如下：

7-3-1 法定假日：政府規定的法定慶日（元旦一天，春節三天，勞動節三天，國慶日三天）均予放假。

7-3-2 婚假：職工結婚時（限一次）公司核給婚假，婚假須於結婚證書發放日起三十天內休完，未休完依規定折算為薪資發放。一般婚假3日（工作日）：法定適婚年齡結婚者；晚婚假10日（工作日）：男滿25週歲，女滿23週歲結婚者。

7-3-3 產假：公司女職工生產時，得給產假（含例假公休日），薪資照發（月績效資金和月考績獎金按當月實際出勤日數核發）；生育計畫內分娩者，給假90天；生育計畫內妊娠未滿四個月流產者，依據醫生診斷書給假15天；生育計畫內妊娠滿四個月以上七個月以內流產者，依據醫生診斷書給假30天；生育計畫內妊娠滿七個月以上流產者，依據醫生診斷書給假42天。

7-3-4 喪假：職工在親屬死亡時，按以下情形給予喪假：父母（包括養、繼父母）、配偶、子女死亡時，給假3天（含工作日）；祖父母、外祖父母、岳父母、兄弟姐妹死亡時，給假1天。

7-3-5 工傷假：凡職工因工傷害需停止工作醫療時（工傷鑒定依法規辦理），公司視實際需要，參考指定醫院之診斷證明及建議休養日，核給職工工傷假。

7-3-6 事假：職工因事必須請假而無存休時，得請事假，全年合計不得超過十四日，事假期間不核發薪資。

7-3-7 病假：職工非因工引起之傷害、疾病必須停止工作進行醫療者，可憑醫院診斷證明申請病假；公司得參酌醫院建議之休息日核給病假天數。病假期間薪資核算依請假扣薪辦法辦理。職工每年度病假以14日為限；年度累計超過14日時職工應依存休、年休假、事假先後次序請假。需住院醫療者（憑醫院診斷證明），其醫療期間給假天數，依「企業職工患病或非因工負傷醫療期規定」辦理，唯連續超過30日仍未能痊癒需繼續治療時，公司可視情況終止勞動合同，並依相關辦法辭退職工。

7-3-8 年休假：凡公司所有職工（台籍幹部除外），經轉正任用者，報到起工作滿一年者，即可享受帶薪年休假福利。職工工作滿一年後，給假5天；繼續服務時，每再滿2年得再加1天假期，唯最高累計給假以10日為上限，（任用中斷時得再從頭計算起）。每年12月26日為基準日，核定下年度給假天數。當年度職工屆滿一年期時，其屆滿日於6月30日前者，則該年度之年休假核給3日，其屆滿日於7月1日以後者，則該年度不核定下年度給假天數。當年度職工滿一年期時，其屆滿面日於6月30日前者，由該年度之年休假核給3日，其屆滿日於7月1日以後者，由該年度不核給年休假。職工當年度休假未休完時，以1：1核給職工代金，並於次年一月薪資發放時一併給付；副科長（含）以上幹部年休假以年度內休完為原則，如有節餘則不另核給代金。

7-4 職工請病、婚、喪、產、工傷假時，須檢附指定之證明文件方可申請。

7-5 職工請假如理由不充分或有妨礙工作時，主管得斟酌情形不予給假或縮短假期。

7-6 捏造請假理由矇騙主管給假經查屬實者，記大過一次並以曠職論處。

7-7 請假一日以八小時計，未滿半小時以半小時計。

8. 國內出差管理辦法

8-1 職工出差填寫「出差申請單」。

8-2 職工國內出差分為：

8-2-1 當日出差：出差當日可往返者。

8-2-2 遠途出差：出差必須在外住宿者。

8-3 當日出差：

8-3-1 職工當日出差時，出差申請由部門經理核准。

8-3-2 當日出差交通費，依據有關標準支付，另依實際情況核發誤餐費，但不得申請住宿費。

8-4 遠途出差：

8-4-1 公司員工奉命或因業務需要遠途出差，須事先填寫「出差申請表單」，說明出差日程、目的、要務。

8-4-2 出差三日以內由部門經理核准，三日以上由總經理核准，並向人事部門報備。

8-4-3 差旅費超過300元以上，須寫明差旅費概算，以暫付款申請單向財務單位預支差旅費。

8-4-4 未及呈准，出差人須補辦手續後，方可支給差旅費。

8-4-5 出差人因急病或不可抗拒力之故，無法在預定期限返回銷差，而須延長滯留，得由出差人提出申請，並經部門主管調查無誤後，再支給出差旅費。

8-4-6 出差人必須于公畢返回後五日內填具「差旅費申請表」及「出差報告表」，呈送部門主管核閱，再送人事單位審核費用，以結清預支差旅費及核定請領之差旅費。

8-5 交通費申請須檢具作證具實報銷，因公乘飛機、計程車須報請總經理核准。

8-6 職工誤餐膳費依核定金額申請。

8-7 所有人員住宿應檢附作證，按標準報銷，經理級以下職工若與經理級以上主管同行出差住宿，住宿費可實報實銷。

9. 獎懲

9-1 本公司職工之獎懲除法令另有規定者外，均依照本章辦理。

9-2 本公司職工之獎勵分為下列各項：

(1) 表揚 (2) 嘉獎 (3) 小功 (4) 大功

9-3 職工符合下列條件之一者，予以公告表揚。

9-3-1 拾物、拾金不昧者。

9-3-2 有利於公司形象或社會公共利益之表現，有事實證明者。

9-4 職工符合下列條件之一者，予以記嘉獎。

9-4-1 經公司指派代表本公司參加團體活動獲得縣市級政府舉辦之比賽優

勝者。

9-4-2 工作機警積極，發現失誤或查獲觸法、違規事件，使公司免受損失者。

9-4-3 追回呆帳、失款、維護公司利益者；金額重大時得個案簽核獎勵。

9-5 職工符合下列備件之一者，予以小功。

9-5-1 遇非常事故臨機應變措施得當，使公司減少經濟（超過一萬元以上）或形象損失者。

9-5-2 以個人成就代表公司獲得省級或省轄市級以上比賽優勝者。

9-5-3 提供有利計畫或建議經採納施行有顯著經濟成效者。

9-6 職工符合下列條件之一者，予以記大功。

9-6-1 非工作職掌內對採購、銷售、生產、財務會計、人力運用等管理方法有重大改善，使公司獲得致具體可量化之利益者（超過5萬元以上）。

9-6-2 重大提案、改善設備或操作方法，對提高品質、產能、降低成本等有特殊經濟貢獻者並可依提案獎金核發辦法給予獎勵。

9-6-3 不顧危險、盡忠職守、抵抗暴力或奮勇救護同仁、公物者。

9-7 職工之懲戒分為以下各項：

⑴警告　⑵申誡（嚴重警告）　⑶小過　⑷大過　⑸開除

9-8 職工有下列條件之一者，予以記警告。

9-8-1 對於本身工作或主管交辦事務不及時辦理完成者。

9-8-2 工作時未按規定穿著制服或進入廠區未佩戴識別證者或違反工作職場之規定者。

9-9 職工有下列條件之一者，予以申誡。

9-9-1 工作時間內怠職偷懶者。

9-9-2 因工作上之疏忽致公司蒙受輕微損失者。

9-9-3 未按請假流程規定請假者（曠職者另處）。

9-10職工有下列條件之一者，予以記小過。

9-10-1 在崗位工作值勤中打嗑睡者。

9-10-2 在工作場所喧嘩、口角、擾亂秩序者。

9-10-3 擅自觸動非本人負責操作之機件致不良後果者；若造成公司損失時應予賠償。

9-10-4 擅自取勝公物或浪費公物者。

9-10-5 對於上級主管交辦之公事未予辦理者。

9-10-6 未按規定之工作程式作業，導致發生錯誤而使公司蒙受損失者。

9-10-7 曠職一次者或值班缺勤者。

9-10-8 未經核准擅自接見親友或帶領外人進入公司（或宿舍）者。

9-11 職工有下列條件之一者，予以記大過。

9-11-1 故意撕破塗改公告或各種文書者。

9-11-2 勤務中互相毆打或故意妨害他人工作者。

9-11-3 對於公司財務及帳務，未按規定處理情節重大者。

9-11-4 不服公司主管領導且態度惡劣者。

9-11-5 因工作上之疏忽致公司蒙受重大損失者。

9-11-6 擅離職守致使公司蒙受重大損失者。

9-11-7 未經公司核准或授權對外發表言論有損公司形象者。

9-11-8 年度內累計曠工二次以上者。

9-11-9 在非指定場所吸菸者。

9-12 職工有下列條件之一者，予以開除解雇。

9-12-1 塗改或毀損考勤卡，經查屬實者。

9-12-2 托人打（刷）卡代人打（刷）卡者。

9-12-3 蓄意破壞公物者。

9-12-4 積滿大過二次者。

9-12-5 連續曠職三日或全年累計超過六日者或累計曠職四次。

9-12-6 營私舞弊、挪用公款、收受賄賂、監守自盜竊者並追究相關刑事責任及公司損害賠償。

9-12-7 仿效上級主管人員簽字或盜用印信者。

9-12-8 未經報備核准至同業公司或至他公司工作有重大影響公司形象者。

9-12-9 吸毒、賭博、違反國家治安管理條例或違背國家法令、法規者。

9-12-10 威脅或侮辱主管者。

9-12-11 職工相互間有意見衝突爭吵、毆鬥或懷恨在外尋仇報復者。

9-12-12 在工作場所或工作時間內喝酒、滋事嚴重影響秩序者。

9-12-13 蓄意破壞員工和諧、生產秩序及挑拔離間者或觸犯刑法者，依法送辦。

9-12-14 策劃或參與、提供方便，偷竊公司物件、原物料及產品者，不分主從、情節輕重均比照之；所造成公司經濟損失時，公司依法追償。

9-13 職工懲處之計算方法以警告二次為申誡一次，申誡 二次為小過一次，小過二次為大過一次。

9-14 如有本獎懲辦法未列，而對公司有所貢獻或有不良行為或過失者，得比照類似規定酌予獎懲。

9-15 職工功過之獎片標準如下：

9-15-1 嘉獎每次獎給一個月基本薪資之50%。

9-15-2 記小功每次獎給一個月基本薪資之75%。

9-15-3 記大功每次獎給一個月基本薪資之100%。

9-15-4 申誡每次減扣相等於一個月基本薪資之50%。

9-15-5 記小過每次減扣相等於一個月基本薪資之75%

9-15-6 記大過每次減扣相等於一個月基本薪資之100%。

9-15-7 本條各款之基本薪資系指本薪、各項補貼、企業補貼。

9-16 職工之功過可以相抵，但前功不抵後過。

9-17 職工行為涉及刑事責者，除依本章辦法辦理外，並移送法辦。

9-18 職工有應予獎勵或應予懲戒之事實發生時，主管應隨時簽處送獎懲委員會審理，同總經理核定後公佈，並由人事單位登錄於職工獎懲記錄表。

10. 考核

10-1 本公司之職工考核分為月考核、月績效考核及年度考績三種。

10-2 下列情況之職工月考績考核、月績考核規定如下：

10-2-1 每月15日前任用者，其當月考績及獎金核發依其實際服務天數比例核發，每月15日以後任用者當月不予考核及核發獎金。

10-2-2 每月15日前離職者，當月不予考核及核發獎金，每月15日後離職者當月考核及績效資金核發依出勤日數權比核支。

10-3 考績考核

10-3-1 各級主管對於所屬職工，每月就職工工作態度等表現給予考核並核給考績分數，作為考績獎金核發的依據。

10-3-2 職工有下列情事者，當月考績不得高於83分：

(1) 曾受申誡或以上之處分者。

(2) 曠職4小時（不含）以內者。

(3) 教育訓練中心所指定參訓課程，有未經請假曠課一次（含）以上者。

10-3-3 職工有下列情事者，當月考勤不得高於78分：

(1) 曾受過小過或以上處分者。

(2) 曠職達4小時（含）以上者。

(3) 教育訓練中心所指定參訓課程，有未經請假曠課二次（不含）以上者。

10-3-4 職工有下列情事者，當月考勤不得高於63分：

(1) 曾受大過或以上者之處分者。

(2) 曠職達一日（含）以上者。

(3) 教育訓練中心所指定參訓課程，有未經請假曠課三次（不含）以上者。

10-4 職工請假時，月考績照下列標準扣分：

每請事假一天，扣月考績1分。

每請病假一天，扣月考績0.5分。

10-5 年度考核，給每個職工1～12月份之平均考績即為年度考績。

10-6 職工各項考核，匯總後送人事科密存，除公司內其直屬部門經理（含）以上主管人員外，不得查閱或供閱。

11. 薪資

11-1 本公司職工之薪資結構由基本薪資、職務加給、效益獎金、津貼四大部分組成。

11-1-1 基本薪資：系指本公司任用職工之基本核薪依據；

包括本薪、各項補貼、企業補貼。

本薪：各項職工之本薪依各人學歷基礎給不等的的薪給。

各項補貼：公司依當地政府對職工各項補貼規定，統籌每月採固定金額一次性發給職工。

企業補貼：公司每月依本地生活、物價水準及公司政策核給職工國家規定外的補貼。

11-1-2 加給：包括職務加給、簽約加給。

職務加給：凡擔任管理職之主管（班長以上），公司依其職務核給職務加給（辦法另定）。

簽約加給：凡學歷大專以上之正式職工，與公司簽定勞動合同者，公司核給簽約加給（辦法另定）。

11-1-3 效益獎金：公司依職工個人或群體之績效表現、貢獻，核給效益獎金。包括月考績獎金、月績效獎金。

月考績獎金：公司每月依職工之考績分數核給考績獎金（辦法另定）。

月績效獎金：具體核發辦法依事務人員、生產人員、業務人員不同而定。

11-1-4 津貼：公司依職工出勤、工作時間或特殊工作環境及在本公司連續服務情形等，核給額外之津貼，包括全勤津貼、加班津貼、中夜班津貼等。

全勤津貼核發標準：

(1) 凡整月無遲到、早退、未打（刷）卡或請病、事假者，每月發給固定金額之全勤津貼，有缺勤時折扣發給。

(2) 請假（含事、病假）一次並在八小時（含）以內者，發給全勤津貼之50%

(3) 請假（含事、病假）累計二次並加在八小時（含）以內者發給全勤津貼之20%。

(4) 上述情形之外請假，包括次數超過二次以上者或請假時數超過八小時以上者，均不予核發全勤津貼。

11-2 試用期間職工薪水資給付之各項八折計，試用合格轉正後則全額發放。

11-3 公司依當地法規規定，代扣繳職工應扣繳之項目及金額。

11-4 職工每月薪資由1日起核算自31日止，當月薪資於次月10～12日一次發給。

11-5 當月新報到或離職（上班示至31日）者，當月薪資按日發放，當月全勤津貼不予核發。

12. 勞保福利

12-1 公司視實際需要，根據具體民政部為員工提供必要的生活福利待遇。

12-2 為使員工老有所養，公司實行養老保險制度，具體辦法根據總公司及分公司所在地政府實施之勞動保險法規和公司具體情況實施，養老保險費由「職工專戶」提成。

12-3 公司實施基本醫療保險制度。

12-3-1 總公司及各分公司所在地政論有實施醫療保險制度的，公司在當地為員工投保，具體繳費及報銷辦法依當地制度執行。

12-3-2 分公司所在地政論未實施醫療保險制度的，公司在當地為員工投保，具體繳費及報銷辦法依當地制度執行。

12-4公司實行失業保險制度、工傷保險制度、女職工生育保險制度，具體辦法依當地政府有關保險下策辦理。

12-5其他：員工結婚享受公司補助（限一次），補助須於結婚證發放日起一月內至人事申請，過期視同作廢。

13. 其他日常管理制度

13-1門衛管理

13-1-1 員工進出廠區，必須佩戴識別證，不戴者依管理規章進行處罰。

13-1-2 非上班人員禁止入廠區，員工打、（刷）卡上班後，不得隨意出廠。

13-1-3 警衛人員有權對員工攜帶出廠物品進行檢查，如有違物品一律禁止出廠，並依規定予以處罰。

13-1-4 下班後及非上班時間，禁止進入廠區。

13-1-5 上班時間，因業務需要應在指定地點會客，因有私事一律在休息或下班時間會客，如有特殊情況，報請主管批准。

13-2總公司備有交通車，供員工上、下班用，需乘交通車者到總務部門申請。

13-3總公司住宿管理：

13-3-1 申請程序：需住宿人員到總務登記、填寫住宿申請單、人事審核、單位主管審核、舍監認可。

13-3-2 住宿期間，應遵守宿舍各項管理規定，服從舍監調調派督導。

13-3-3 違反宿舍管理規定，取消住宿資格。

13-4宿舍管理

13-4-1 本公司員工申請住宿得具備以下條件：

⑴住家距本公司20公里以上者。

⑵戶籍在外縣市，在本地無適當之住房。

⑶因工作需要，需住宿者。

⑷在公司未申請住宿而到班者公司備有到班宿舍。

(5)請乘坐交通車者不得申請住宿，反之亦然。

(6)宿舍內禁止使用電爐及在牆上亂貼字畫或釘物品，並保持宿舍整潔。

13-5電話管理

13-5-1 適當運用電話，以得於業務的進行，確保線路暢通無阻，充分發揮電話諮詢功能，電話儘量長話短說。

13-5-2 員工因工作需要用長途電話，經主管核准後讓總機代撥，嚴禁通過解碼打長話，否則一發現給予記小過一次的處分並負擔長話費用。

14. 環境衛生管理

14-1 公司廠區及辦公處所實行吸菸管制，抽菸得在規定時間內到廠門外吸菸亭，否則一次罰款50元，並開除之。

14-2 隨時保持廠區及周圍環境衛生清潔，禁止亂扔果皮、紙屑，嚴禁隨地吐痰，否則一經發現罰款50元。

14-3 食堂進餐時剩飯倒在指定地點，不得亂倒亂扔，以確保就餐環境的乾淨、清潔。

15. 附則：

當地基本醫療保險制度

二、工作教導的步驟

1. 準備學習

1-1 設身處地使學習者安心

1-2 告訴他將要做什麼工作

1-3 由淺入深造成樂於學習的氣氛

2. 我做你看

2-1 主要步驟逐一講解

2-2 不可以忽略關鍵動作

2-3 考慮學習者理解的程度

2-4 分解動作

3. 我做你做

3-1 慢動作跟著學

3-2 重點再說明一次

3-3 確認有沒有依照標準操作

4. 你做我看

4-1 請學習者一面做一面說出重點

4-2 若發現錯誤馬上糾正

5. 考驗成效

5-1 請他開始工作

5-2 指定協助的人員

5-3 常常去檢查

5-4 引導發問

5-5 逐漸減少指導

三、工作掌握的七個要領

1. 定計畫內容的時候，使用5W2H原則

掌握目的（what）以免弄錯目標，理解理由（why）以免弄錯方向，確定截止日期（when），決定執行場所（where），誰（who）要來參加？達標的方法（how）是什麼？需要多少的預算（how much）？

2. 確認內容的準備工作

掌握現狀，收集相關資料，分析整理，問題原因查明，依據章程，利用眾人智慧，計畫呈上司核決，訂立時間表。

3. 時間表

分為天、週、月、年四種，例行性工作先平均分配，以爭取彈性。讓有關的人都知道進度以便互相配合，依照里程碑檢查進度，隨時留意效率並修正之。

4. 接受命令

誠心接受，如果超出職務範圍，就當成訓練的好機會，上司的口頭命令，記入備忘錄當中，核對自己的時間表確認可不可以達成，按5W2H弄清楚真正意義，聽完之後再問問題，不要中途插嘴，不清楚的地方，要問清楚，不要不好意思，接受命令完成之後，立刻覆誦與上司確認真正的意思，如果發覺有困難，坦率說明原因，並提出調整命令的要求，如果與上司持相反意見時，以提問的方式聽取上司的意見。

5. 執行命令

安排完成的時間，要比預定日期提前兩三天會比較有彈性，艱辛的工作先做，發生緊急以致確定無法如期完成時，馬上向上司報告：延遲理由、預測延遲天數、以及自己擬定的對策兩個以上，並說明選擇的理由。萬一失敗了，坦然承擔，分析原因及擬定善後對策。

6. 中間報告

讓上司變成如來佛，而你是孫悟空，以取得他的信任及資源的支持。報告是執行者的責任，定期報告，要事先約定，緊急報告，隨時進行，口頭報告爭取時間之後，再以書面報告記錄之，報告內容：中間結果、事實描述及理由、當前問題點的對策及你的建議。報告書封面寫上：標題、日期、命令者及報告者姓名。

7. 結案報告

結案報告是知識管理的循環起頭，把目標（時間、成本、績效）以及結果做一個比較：滿意點是什麼？不足的是哪裡？把它記錄下來，以便下一次會做的更好，因為有經驗在裡面，它就是知識了，而知識的累積就會成為智慧。

第五節 日常制度管理工具

一、文件管制作業範例

1. 目的：

為使組織所有文件之制定，變更、發行、作廢能有一規範遵循，並確保各單位使用的文件正確無誤。

2. 範圍：

本組織所涵蓋之正式及資料皆屬之。

3. 權責：

文件管制中心。

4. 內容：

4-1 文件管制作業程序書

4-1-1 文件訂定作業

依工作需要及職掌，由適當單位（使用單位）指定專人，依標準格式及寫法撰寫，擬案後由相關單位審核通過，送文件管制中心編號，分發各單位由主管督導執行。

4-1-2 文件修正作業

文件若有不適用情形，得提出修正申請，經原擬案單位研議修改，審查、核准等後續作業，同文件訂定作業。

4-1-3 文件廢止作業

文件實施後，發現不合時宜，或已無實施必要，需依廢止時，其審查核准案後續作業，同文件訂定作業，編號應列管，避免重複使用。

4-1-4 文件分發、回收、記錄，保存及銷毀等管理作業文件核准後，才可分發至各單位使用，並建立發行紀錄，如有1日文件要予回收，因此發行紀錄與回收紀錄宜合併，文件應分發至作業的最基層單位，如果未全面分發，則須開放一個管道供需求單位調借。

回收的1日文件應立即予銷毀並記錄之，無法立即銷毀時，得以蓋作廢章予以識別。

各類文件可分成永久保存或訂有保存年限者，如果沒有特殊規定，一般以保存至有效期限後六個月為準，文件之管理應設管制中心由專人負責相關作業之處理。

4-2 文件格式

4-2-1 文件表頭

文件表頭應有：單位、文件類別、文件名稱、編號、版本及頁次等六項。

4-2-2 文件內容

內容包含：目的、範圍、定義、權責、作業內容，相關文件及附件表單共七項。

4-2-3 文件表尾

表尾有修訂紀錄、制定日期、實施日期、製定、審查、核准欄等六項。

4-3 文件格式撰寫說明

4-3-1 用紙

⑴ 一般採210*297(mm) A4直式。

⑵ 附件及圖表等視需要採用他號紙張。

4-3-2 文體及寫法

⑴ 條款：以條款方式撰寫。

⑵ 文體：易懂、肯定之白話文。

⑶ 寫法：由左至右橫寫。

4-3-3 用字

⑴用句：簡明易懂。

⑵數字：阿拉伯數字為原則。

4-3-4 編號原則

⑴條款號碼：點記系統，組合最大以3個為限。

例：1

1.7

1.7.1

⑵細目號碼：一個條款內採用⑴、⑵...或(a)、(b)...

⑶圖表號碼：只有一個圖表時不編號。

例：附圖1、附圖2...

附表1、附表2...

⑷附註： 註後附號碼。

例：註⑴、註⑵

⑸編號方法： 機能別以流水編號，不同文件不得重複編號。

4-3-5 版本

版本編號X、Y，X為版次，Y為修訂次數。

例：1.3版，為第1版第三次修訂。

4-3-6 頁數

頁次／總頁數

封面、目錄及附件不予編入頁碼中

4-3-7 書寫方式（尾部對齊）

1.目的

開始空一格...

第二行對齊...

2. 直接在後

2-1接在後...

第二行齊頭...

2-1-1接在後...

(1) 接在後

4-4 標準書撰寫要領

4-4-1 明確的目的：簡要列出

4-4-2 要有要因及方法：以要因描述作業方法、流程、步驟等。

4-4-3 具體化：不要用模擬兩可的字眼，例如：加強、隨時、注意、儘量等。思考上用5W1H規範之，書寫上用數字化、圖表化、樣本化、色碼化等。

4-4-4 簡單化：不要用冗長敘述，用平常話書寫使人易懂。

(1) 條列法：層次分明，少用形容詞。

(2) 表格法：簡單扼要（要因、對策）。

(3) 愚巧法：可避免因時、因人而異，容易管理。

(4) 步驟法：可接實際程序書寫。

4-4-5 注意事項：異常時絕對遵守整註明。

4-4-6 文體以肯定簡短之白話文，書寫以中文由上而下，由左至右橫寫。

5. 文件管制作業表單及章印：

5-1 外來文件一覽表。

5-2 文件制定/修正/廢止申請表。

5-3 文件簽收紀錄表。

5-4 文件分發紀錄表。

5-5 文件發行紀錄表。

5-6 文件廢止紀錄表。

5-7 文件發行章。

5-8 文件作廢章。

5-9 機密章。

5-10 文件修訂章。

5.11 編號標準書。

1. CH-----------ABC---------X--------XXX----------X.X

   公司名稱　機密等級　分階　文件序號　版本

2. CH：公司或組織代號。

3. 機密等級：

   A：極機密——經理以上可以翻閱

   B：機密——課長以上可以翻閱

   C：一般——工作人員可以翻閱

4. 分階：

   1-手冊、制度

   2-程序書、規程、技術文件

   3-工作說明、標準書

   4-表單

   5-外來文件

5. 文件序號：

   從001開始編寫

6. 版本

   1.0 代表第一版

   1.1 代表第一版第一次修正

4-2文件格式

<table>
<tr><td>單位</td><td></td><td rowspan="2"></td><td>編號</td><td colspan="3"></td></tr>
<tr><td>類別</td><td></td><td>版本</td><td></td><td>頁次</td><td></td></tr>
<tr><td colspan="7">1.目的

2.範圍

3.定義

4.權責

5.（作業）內容
5.1
5.2
5.2.1

6.參考文件

7.附件（表單）</td></tr>
</table>

<table>
<tr><td>修訂紀錄</td><td rowspan="2">制訂</td><td rowspan="2">年 月 日</td><td>核准</td><td>審查</td><td>制定</td></tr>
<tr><td rowspan="2">1.______ 2.______

3.______ 4.______</td><td rowspan="2"></td><td rowspan="2"></td><td rowspan="2"></td></tr>
<tr><td>實施</td><td>年 月 日</td></tr>
</table>

二、生產單位標準成本編審準則範例

1. 目的：使標準成本編列、依據、基準更為明確、合理、審查方法一致性。
2. 範圍：編審準則係規範每年生產單位標準成本編審時，各單位應遵循及注意要點，以達齊一步驟，提高編列之正確性、合理性以及審查作業效率化。

本編審準則，由生產組、工程組擬定，再會同各行銷企劃部檢查、確認，生產本部核定後實施。

3. 標準成本編審之流程
   3-1 原材料單價訂定流程／原材料，單位使用量訂定流程。
   3-2 收率、耗損率、工時效率、能源效率訂定流程。
   3-3 工資訂定流程。
   3-4 動力費訂定流程。
   3-5 製造費與管理費編審流程。
   3-6 標準成本編審架構及流程。
4. 各項成本基本項目編審依據
   4-1 產量之訂定
      4-1-1 依各行銷企劃部呈准之年度銷售計畫（含分月別、產品別、包裝別、工廠別）為生產計畫量準則，據以編列標準成本。
      4-1-2 該送交之年度銷售計畫量，應包括：
         ⑴ 新產品：分月新產品之生產預估量請行銷企劃部提供。
         ⑵ OEM 產品
         ⑶ 促銷推廣所需之樣品，亦應將年度分月預估產量，由工廠列入。
   4-2 原材料標準單位使用量
      4-2-1 原料
         ⑴ 以各產品別SOP原案配方用量為準，各產品原料配方及單位適用量，應整理成冊，以備對照。
         ⑵ 若有規定與收率連結，則在收率確認核准後，一併考慮並修正。

(3) 原料使用率，依去年10～12月及今年1～9月實際使用率，作為今年之基準，配方用量，依研發單位SOP原案配方基準用量換算，並能整理成冊，以備對照。

(4) 新產品如無SOP，原料單位用量及成本由行銷企劃部提供。

4-2-2 包材

(1) 依經確認核准後之耗損率，修正計算。

(2) 修正後之單位標準使用量，依各產品別，應整理成冊，以備核對。

4-3 原料、包材單價

4-3-1 依採購組經公司審查通過，提供之單價為準。

4-3-2 各原包材單價應列出分月之標準單價（若有不同）。

4-4 原料包材標準單位成本／總成本

4-4-1 依前述認可之標準使用量及單價，計算出各產品別，原料及包材標準單位成本（例：元／1000只；元／標準打、標準箱）。

4-4-2 以上應整理成冊，以備對照。

4-4-3 各產品別原包材標準單位成本＊預估產量＝原材料總成本。

4-5 工資之編定程序及原則

4-5-1 各分月預產量

4-5-2 依各分月預產量編列

(1) 各分月編制人數、出勤日數、加班時數、總工時、總工資。

(2) 全年各分月全部出勤之工資天數，由生產本部訂定，各工廠以生產本部所公布訂定之工資天數－不出勤日數，計算工資日數。

(3) 工資單價以班為原則，詳細列出。

a.計算該班平均日給工資。

b.加班之單位工資，以平均日給工資除以8計算（放大倍數則依人力資源部頒定為基準）。

c.上下半年工資單價依每年公布之預算編審準則規定列入。

⑷各項津貼應一併列入（堆高機、庫務、班長等）。

上年度之特休代金編列在元月份之工資預算內。

⑸以上可計算出分月各項數據

a.總工時、加班工時、工時效率、加班率。

b.總工資、工資單位成本、工資單價。

4-6 動力費

4-6-1 由共同單位動力費與現場製程動力費組成。

4-6-2 由油、電、水組成。

4-6-3 現場製程動力費編列程序及原則。

⑴列出各分月預產量。

⑵列出及計算各分月現場製程所需KWH數。

a.各設備HP數→KWH數。

b.各設備運轉時數及KWH數。

c.該月總數KWH數，單位KWH數。

⑶列出及計算各分月現場各製程所需蒸汽用量數。

a.各設備、單位使用量＊運轉時數。

b.該月總蒸氣用量數、單位蒸汽用量數。

4-6-4 共同單位動力費編列程序及原則。

⑴各廠工務課必須提供資料。

⑵列出及計算各分月各共同設備所需KWH數（同製程作法）。

⑶列出及計算各分月蒸汽用量數。

a.蒸汽用量t 數。

b.蒸汽使用效率。

c.換算成重油。

⑷各單位分攤比率計算及依據。

4-6-5 油、電單價

⑴油——由採購組提供年度分月單價。

⑵ 電——a 契約用電。

b 尖峰用電。

c 離峰用電。

d 單價。

⑶ 水——格式如油、電費。

4-6-6 以上基本資料列出後，即可進行編列，動力費、分月總成本、單位成本、單價、單位油、電、水使用量。

4-7 管理及製造費用編列重點

4-7-1 費用編列通則

⑴ 各項可控費用預算，不能高於上一年度實際發生之費用金額，如高出此金額，應有充分之理由說明。

⑵ 非控之費用預算如超出上一年之預算與實際平均值，應逐項加以說明。

6. 每年10月份編製次年度的標準成本

三、提案改善執行程序書

權責	程序	標準書	表單
單位	成立審查委員會	聘任委員	委員名單/聘書
最高主管		公布辦法	提案辦法
提案人	撰寫提案書		提案書
	主管簽署		
提案中心	收件登記	登記編號	提案登記及分發表
		分發初審	
評審委員	初審	不屬提案或者評分結果	不屬提案範圍表
		不列入決審則退回提案人 提案人可以提出申訴	提審評分表 提案申訴書
評審委員會	決審	不採行得給予獎品	提審評分表
提案中心	頒發獎勵	保留再審限定一次	獎勵標準表

權責	程序	標準書	表單
		採行則給獎金	
		初審評審員提出報告	
被提案單位	實施	依據決審資料	
		負責改善案的實施	
		必要時請提案人親身參予	
被提案單位	結果報告	三個月為期間	效益計算書
評審委員會	初步審查	派審查員	
評審委員會	貢獻獎審查	審查員報告	
		討論是否給獎	
提案中心	給獎	月會表揚	獎狀
提案中心	結案	結案報告撰寫	結案報告書

四、問題分析與下決策

1. 前言

日常工作當中，常常會聽到：有問題喔？是真的有問題嗎？它真正的原因往往不易發掘，希望可以找出一套程序有所遵循，可以很快發現真正的原因，以便採取適當的措施來解決問題，下決策的時候，很多人憑第六感，有時候也蠻準的，但是，如果有一套程序來依循，應該是比較客觀而可信賴的。你將發現經過詳細的評估，結果常常與最初的預測出入很大。

一頭大象，能讓你聯想到解決問題的方法；時間管理的問題，可以利用緊急性以及重要性來決定優先順序；自言自語，可以讓自己發揮意想不到的解決問題的方法，大腦的創造性思維的方法，是可以訓練的。而有系統有步驟的方法，更是可以學習使用的，只要懂得方法，並且勤加練習，解決問題和下決策是有脈絡可以追尋的。

2. 問題分析的技巧

問題的結構上，可分成問題清楚與問題不明兩大類，問題不明者叫做預測型，它是目前處在標準之內，但是未來預測會有問題的類型，預測型必須預先作問題發掘、整理及評估的工作，問題清楚有顯然的差異者叫做解決型，它要先考慮是否要做緊急處置。做好評估工作的預測型與解決型兩者，就可以從問題定義開始，逐步作問題分析的工作，界定了問題並且有了改善目標之後，就可以作原因分析、對策擬定、決策分析、實施及追蹤、效果確認、再發防止等工作，如果是問題清楚嚴重者叫做轉業型，就必須成立專案小組來解決，透過專案管理的方法來進行，不管哪一類型，在完成之後，都必須做結案報告，把經驗傳承下來成為寶貴的知識。

3. 思考的模式

人類思考的模式，其實長久以來改變的並不多。例如有一天上班途中，你看到很多人圍在一起，你會好奇，說不定會也去看一看，並且問發生了什麼事？啊！發生車禍了，為什麼會發生呢？10次車禍9次快，開太快了，你看受傷者是你認識的朋友，這時你必須作一個選擇，應該採取什麼措施？早上的重要會議要不要請假，以便送朋友去醫院，當然不認識的朋友，也應見義勇為，但是要考慮將會發生什麼結果？是否家屬會誤認為你是肇禍者，否則為什麼要送醫？當事情緊急或者很簡單時，你的腦中，就像電影一樣很快閃過並且馬上下決定，如果這一件事很重大，那麼你可能不會馬上下決定，可能會叫一些幹部來商量，一起傷腦筋，但是要怎麼做才有效率呢？

4. 現狀分析

把現狀分析，放在前面是為了不要一看到現象，就馬上找原因或下決定，傳統上，人們傾向靠自己的地位、經驗或知識，來判斷問題，馬上解決問題，至於事實真相，根本原因，則沒有時間去追求，因此常常不能真正解決問題，現狀分析是要先把有關的事項，細分明確，決定處理的優先順序，決定計畫的內容，並且把計畫指派給有關的人來執行。阿波羅13號太空船，飛向月球途中的故障問題，太空總署的科學家，使出渾身解數，使人員安全返航，是一個重大的複雜問題。

事業部經理，正在為了助理要請假兩個月，而傷腦筋，副理進來報告說：台北工廠的味精發酵部門，因為製造程序的嚴重汙染而停止生產，今天本來約定廣告廠商要討論高鮮味精的新包材問題，也不得不取消，同時，發酵使用的進口添加劑供貨廠商打電話來說：因為船期原因，要遲10天交貨，這是某一天，事業部經理的一堆問題。

如果是屬於人的問題，則不確定性高，你必須跟人們溝通，還要激勵與管理，但是效果卻很難保證，你必須常常想一些新措施，來不斷嘗試，如果是程序問題，則確定性高，但是要找到真正的癥結所在，卻也不是那麼容易，更多的情形，是人與程序問題同時存在，那會讓你摸不著頭緒。

問題也可能來自於資源的限制，解決方法雖然很好，有的時候，資金或者權限不允許，有的時候，是企業理念文化不符合，都會使問題變得無法順利解決。

問題從本質上來說，要解決問題必須下決策，問題的真正原因不容易找得到，並不是每一個問題都會有一個簡單的答案，領導和管理者，有的時候常常會變成為問題的一部分，問題的解決要保持PDCA的警覺，它才不會一再出現，因此，當發生一堆問題的時候，除了認知：它是人的問題或者是程序的問題之外，還要區分它是長期戰略問題；還是短期戰術問題，然後依據緊急性以及重要性，來決定他們的優先順序。

5. 問題分析

分析問題的目的，在於找到問題真正的原因，而不要馬上就下決定，一個鋪地毯的工人，舖好了之後，發現有一個突出物，同時發覺自己的香菸包不在口袋中，如何下決定？原因何在？

原因分析，最常使用的方法有：魚骨圖或者叫做特性要因圖，以及5W1H、5WHY等方法，這些方法，在台灣塑膠公司以及豐田公司，都發揮了莫大的效果，如何利用，端視公司的決心以及員工的執行力而定，分析真正的原因之後，還有一個重要的工作是確立目標，讓如何解決問題變成你可以接受的方案，例如生產力是每天24小時要生產50噸而不是45噸，或者是讓張三在兩個月之內把遲到率降低到1%，目標的設立，要考慮到SMARTA原則，Specific（明確），Measurable（可以測量），Achievable（可行），Relevant（相關），Time-related（有時間約束），Agree（執行者同意）。

俗語說，三個臭皮匠勝過一個諸葛亮，在找解決方案的時候，現場員工的意見，也許比起主管來得有用。提案改善是一個很有用的方法，但腦力激盪法是一個公認最簡單有效的方法：召集6～7個人、確定要解決的問題、要求大家馬上想方法、指定一個人記錄、把方法通通寫下來、然後分析是否有真正有效的方法；在進行當中：絕對不能批評、自由發揮、數量愈多愈好、可以藉由他人的意見來聯想、只要講出方法就可以不必說明原因、大約30分鐘就可以結束。

也可以使用SWOT分析方法，SW要在團隊內找：文化組織之靈活性、信任度，以及對顧客的關心度；團隊的有形資產：例如資金、資訊、時間、原材料；團隊的無形資產：例如技術、品質、聲譽等。

OT要在團隊外找：新技術、外界如何看待團隊、資金、成本、競爭對手的競爭與合作，例如外包、合併等。

水平思考法，或者叫做不按牌理出牌法，是與魚骨圖或者SWOT等系統方法有別的方法，它常常出乎人的意料之外，但是，確實是一個創新的思考方法：例如由大象聯想到服裝（象的鼻子與男用運動褲都叫Trunk）；重的聯想，到搬用規則；以及老鼠的聯想亂跑，亂丟物件管理規則等；一個男人住在10樓，為何每次都坐電梯到6樓，再爬上10樓？一個男人走進酒吧，要水喝，侍者拔槍，指著他，這個男人就說：謝謝，走了，為什麼？

不管分析問題，或者找解決方案，都需要一個團隊來共同參與，練習的時候，可以把實際的例子拿來做看看，列出來：什麼情形下、讓誰來參與、他們怎麼參與等三個項目，來對照，將會發現共同參與，並不是那麼容易的事情。

所謂有問題，一定要符合3個條件：有偏差、原因還不知道、原因你必須知道，你才需要作問題分析，首先把問題描述並定義清楚，這一項是西方人，長久以來，贏東方人的訣竅所在，值得大家好好來思考。

描述一定要根據事實，不能用猜的，有毛病的東西是什麼？是什麼毛病？要講的清清楚楚，定義清楚之後，才來列出可能原因，這個時候有很多的工具可以使用，使用最多的，要算是特性要因圖了，或者叫做魚骨圖，有變化的地方，跟以前不同的地方，都是追查的要點所在。

列出可能原因之後，就可以來測試看看，這時候，只能做紙上作業，看看事實以及對應上是否符合，此時5W2H可以有效簡單的使用。

如果在分析當中，有假設條件時，要把它記下來作為備忘錄，把各種假設作試驗看看，能不能通過，不能通過者則排除，再現性試驗，是很有用的方法，但是成本很高，要不要做，必須謹慎斟酌，最後能過通過消除試驗者，就是真正的原因了。

6. 決策分析

在好幾個方案之中，要找出一個合適的方案，可以使用直覺法、試誤法、系統方法。很多例行工作、常規程序，對於不熟悉的人，是一個問題，但是，對於熟悉的人，則可以憑直覺解決；一些設計或者戰略性決策，人們常常會使用試誤法來解決；中大型問題：例如違反紀律事件、審核工作、貫徹新工作、研發、客戶服務、招聘人員、預算等，使用系統方法非常有效。

系統方法，要設定一些條件來評估是否可行：可以由成本以及效益，來列出條件比較評分，而得到首選方案，然後使用時機、資金、人員、政治、管理等項目，來作潛在風險的分析，以便確定其可行性。使用目標值或者著眼於人作為條件，來核對它的適用性；最後再看看關係人，可以接受的程度，這個時候，就要先列出所有關係人，然後使用影響力的大小，來找出一兩個大頭，來評估。經過上面三道關卡的考驗，大概就可以找出，最合適的方案來實施了。

執行一個項目，要先考慮資源的需求，然後分配任務和責任，讓每一個人確認它的任務和進度，然後建立監測系統和評估程序，執行之前，決策的傳達很重要，這可以透過介紹，或者讓人們實際參與過程，來得到他們的贊同。而不要突然的冒出一個決策來，要讓他們逐漸接受，PDCA是一個循環，要得到大家的認同以及承諾，才來執行，然後使用設定的標準，來核對，當差異太大的時候，也不要忘記了調整的行動，如此一來這個循環，就會產生向上的力量了。

當你不必作問題分析，但是要作選擇或者想方法的時候，就必須作決策分析，每天，我們做了很多大大小小的決策，大到作一個幾億的投資，小到決定要不要去外面吃飯，小的決定當然不必那麼麻煩，只要腦中轉一圈，就完成了，大的決定就必須按步就班。

首先澄清目的，決策是為了什麼？目的不同，會影響決策的方向，目的清楚之後，就可以依據目的列出條件，所謂的條件就是影響決策的因素，條件要分為必要條件及需要條件兩種。

必要條件要符合：有強制性／可衡量性／以及事實性三個規定，需要條件是為了評分之用，當然，必要條件也可以列入需要條件當中來評分，做選擇時，可以用是否兩個方案，也可以三個以上的個別方案一起比較。

當進行比較的時候，先核對各個方案的必要條件，不符合者，先淘汰，符合必要條件者才做評分，評分的時候，先設定需要條件的權數，最重要者給10分，其餘的需要條件，分別與10分的條件比較之後給分，允許有相同的分數。

然後針對每一項條件，各個方案評分，也是最重要者給10分，然後各個方案與最重要者比較之後給分，也允許有相同的分數，評分之後最高分就是首選。

最後針對首選及二選，作風險評估，考慮內外環境的可能變化來考慮，並請用機率以及嚴重性來評估，此時你需要憑你的直覺以及經驗，來作一個平衡的決策，經過這樣的評估，因為遊戲規則已經定好，可以同時很多人一起來評估，會很快形成共識。

7. 潛在問題分析

當你只需要採取行動，執行計畫的時候，就要做潛在問題分析，一般要執行時，大都已經有了計畫，你只要在關鍵的地方，作潛在問題分析即可，平常應該只會占全部作業的15%，做潛在問題分析的目的，是為了萬一發生困難時，不至於束手無策，做潛在問題分析，先列出計畫重點，指出潛在問題所在，依照機率及嚴重性評分，選取兩三項，寫出可能原因及預防措施，最重要的是要有應變措施及預警訊號。

8. 改進技巧

要改進技巧，可以使用下列方法：(1)讀書；(2)上課；(3)學以致用；(4)觀察他人；(5)和別人一起出主意或自言自語；(6)找一個靜的房間關燈思考；(7)反省自己所作所為，看看下一次可否改善；(8)多多練習創造性思考的方法。

創造性思考的步驟如下：(1)準備：充分徹底的收集，分類並且分析相關資訊；(2)深思熟慮：把問題拆解、組合、加工、利用記憶中的配料；(3)頓悟：在心情放輕鬆的時後，會突然想出來；(4)確認：測試真實性。

把有關的技巧，列表評定自己自信的程度，找出自己不熟悉的技巧，勤加練習。

項目	理解問題	找出方案	下決策	執行評估
魚骨圖	○			
5W1H	○			
5WHY	○			
類推	○	○		
水平思考	○	○		
角色扮演	○	○	○	
自言自語	○	○	○	
三個臭皮匠	○	○	○	○
腦力激盪法	○	○	○	
任意單詞聯想		○		
六頂思考帽		○	○	
SWOT分析		○		
夢想成真		○		
成本效益分析			○	
標準矩陣			○	
名義集體法			○	
結果窗口			○	
風險評估			○	
關係人分析			○	
緊急與重要			○	
業績衡量			○	

9. 演練

這是一套工具，一定要親自使用才會熟練。

第八章 品質管理

第一節　品質管制系統

第二節　品質管制組織

第三節　工廠的管理分類

第四節　食品工廠衛生管理

第五節　食品業之良好製作規範

第六節　HACCP

第七節　國際標準品質保證

第一節　品質管制系統

一、前言

品質是每個人的工作，並不是個人或任一個部門的責任。從業人員、文書、採購、代理人以及公司的總經理，每一個人的工作都涉及品質。品質的責任始於行銷部門決定顧客的品質需求，而持續至產品送到顧客手中並讓顧客滿意為止。

品質的責任乃授權至不同部門，以便進行品質決策；品質的權責包括品質的衡量方法，例如成本、錯誤率或不良單位，所以負責品管的部門為行銷部門、產品工程部門、採購部門、製造工程部門、製造部門、檢驗與測試部門、包裝與裝運部門以及產品服務部門。如下圖為一封閉迴圈，顧客在迴圈的頂端，而各部門在迴圈中依適當的順序排列著。

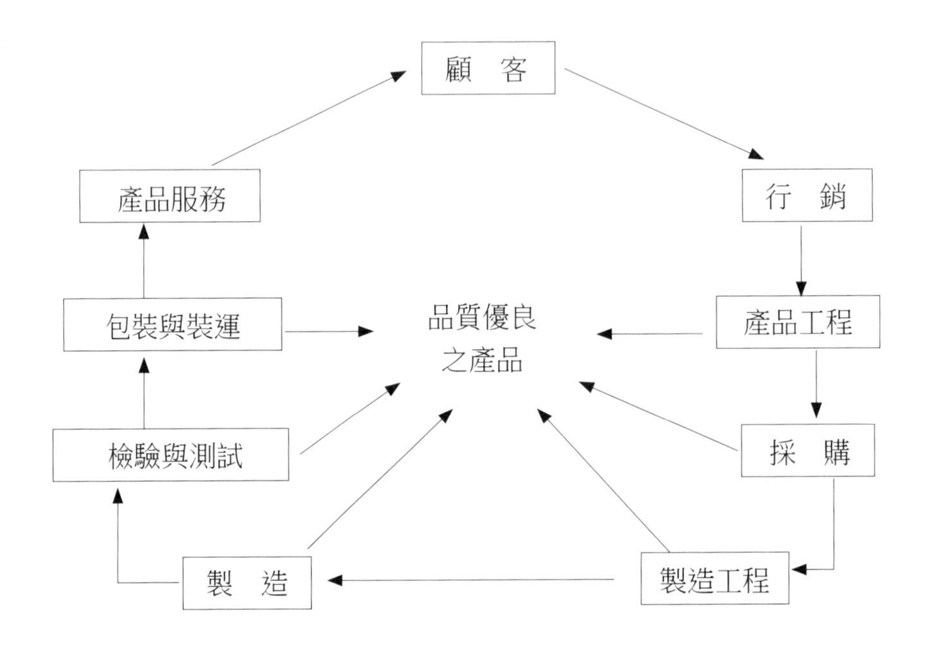

二、名詞定義

1. QC & QA：

品質管制（Quality Control，簡稱QC）乃在使用一些技巧與活動，以便達成、維持與改進產品或服務的品質。所以品質管制是：

(1) 判定原料、製程、即成品是否合乎規格。

(2) 著重終產品檢驗。

品質保證（Quality Assurance，簡稱QA）係指在所有計畫或系統性的行動均有必要提供足夠的信賴之情形下，一項產品或服務將滿足已知的品質要求，品質保證乃確信品質該是什麼樣子。所以品質保證包含：

(1) 防患原料、製程及成品不合規格。

(2) 著重確保原料、製程及成品在控制之下。

品質管制與品質保證之間存在著明顯的差異，品質管制乃涵蓋規格、設計、生產、安置、檢驗之活動以及使用之覆查。品質保證乃涵蓋這些活動以及整個品質系統。

2. GMP：良好作業規範

(1) 欲確保產品之安全衛生及穩定產品品質，工廠在衛生、製程及品質等管理上應遵循的準則。

(2) 兼顧安全與品質。

3. HACCP：危害分析重點控制

(1) 科學化、系統性分析產品生產線之主要問題點並做防患與確保措施，以強化安全衛生品保系統之功能。

(2) 著重衛生安全之控制。

4. TQA：Total Quality Assurance，全員參與的品質管制；不僅員工、最高單位亦要遵守，免得上司因出貨壓力而降低品質。

5. TQM：Total Quality Management，有消費者意念在。

三、品質管理之背景

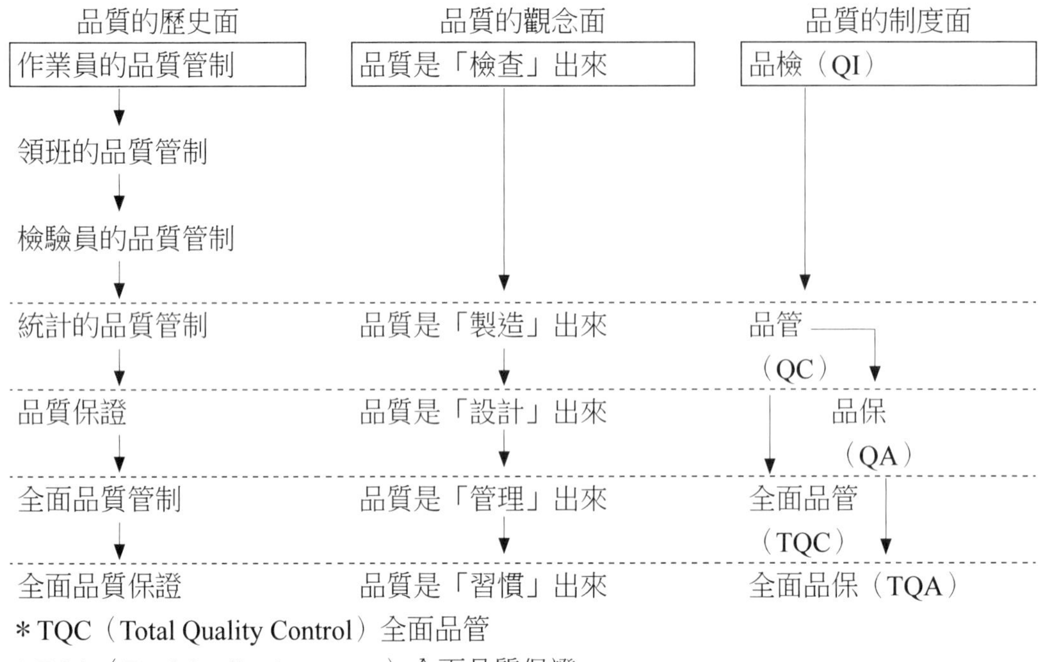

＊TQC（Total Quality Control）全面品管

＊TQA（Total Quality Assurance）全面品質保證

第二節　品質管制組織

一、全公司品質管制（CWQC）

1. 品質的定義：

品質是指「買賣雙方共同認可商品特性」。美國品管學會與歐洲品管組織，將品質定義為「產品或服務能夠滿足既定需求的能力的整體特質與特性」。

2. 廣義的品質內涵：

(1) 產品的品質（Quality of product）

①量的品質（Quantity quality）：如瘦肉量、失重、製成率。

②食的品質（Eating quality）：如顏色、柔嫩度。

③隱藏性品質（Hidden quality）：營養、藥物殘留。

(2) 程序品質（Quality of Process）

①工作品質。

②服務品質。

(3) 環境品質（Quality of Environment）

①心理品質。

②硬體心理。

(4) 管理品質（Quality of Management）

①人力品質：需人才。

②決策品質：決策好，商機大且決定所有的品質。

3. CWQC：Company wide quality control

稱為全公司品質管制，近來各公司企業全力推動品質管制，成立CWQC委員會，其成員是各部門主管，也是推行品管的中樞，負責審議及決議有關全公司CWQC，指揮各部門的CWQC委員會及傳達推行事項。

(1) 定義：又稱為「日本式的TQC」，以品質為中心的經營，重視的是品質，看的是長期的利潤；其精神與TQC同。

(2) 作法：

①現場人員推行品管圈活動。

②技術層採統計品質管制。

③管理層利用管制循環來管理。

④經營階層以重視品質經營的方式作成決策。

(3) 特質：

①全員參與活動。

②各階層參與活動。

③各部門參與活動。

④人人具有品質意識、問題意識、改善意識。

⑤品質、成本、交期及售後服務都納入管制。

⑥依據事實來管理：依據數據來統計分析，然後下判斷。

⑦尊重人性：讓員工將智慧、構想貢獻出來，共同參與企業的經營。

其圖如下：

顧客的滿意度＝期望值 / 實際值

4. 主觀的4P：使人、地、事、物、時密切組合運用，其包括

①Product（產品）

②Price（價格合理）

③Place（環境）

④Promotion（促銷活動）

客觀的4C：

①Consumer wants & needs

②Cost to satisfy

③Convenience to buy

④Communication

二、QC工程圖

製造及管制工程圖（QC 工程圖）

產品名稱：				記號說明：▽：進料 ○：操作 ◇：檢查 □：倉儲								
製造工程				管制項目	管制基準	管制表	管制人員	矯正人員	管制方法			
流程記號	工程名稱	使用機具	操作標準						取樣地點	取樣頻率	取樣數量	檢測方法
核准				審核					制定			
公告日期				修訂日期								

三、生產管理的新技術

1. 前言

豐田公司幾十年實踐中體驗出來的方法，它歸納實踐的結果不是只有理論，而是用來演練的。它是生產管理的新技術，預估可以提升30%以上效率，去做就會了解，不去做永遠不知道，一個實踐比100個理論有用。

2. 21世紀的武林秘笈——世紀的交替

21世紀的開始，因應消費者多變的性格，少量多樣甚至量身訂做，變成生產的主軸，促使豐田公司的精實TPS制度，改變了世界上主流的經營體制，也使20世紀，對企業界貢獻最大的：福特公司創立的大量生產制度，終於找到一個合理的下台階。

⑴ 豐田公司的誕生

豐田自動織布機公司，是豐田佐吉先生於1926年創立的，在第二次世界大戰以前，它與御木本珍珠公司以及鈴木小提琴公司，並列為日本有名氣的公司，織布機斷線時候的自動停止機制，形成後來豐田公司的自動化，織布機的現地現物管理以解決問題，形成了豐田公司根據事實管理，鼓勵員工積極投入，靠勤奮、堅持與紀律的精神。

佐吉先生的兒子豐田喜一郎，是東京帝大機械系的畢業生，他專攻引擎技術，接任之後，於1929年把織布機防錯的專利，以10萬英鎊的價格賣給英國普萊特兄弟公司，於1930年創立了豐田汽車公司，豐田喜一郎有創新的精神，在他觀摩了福特密西根工廠以及美國的超市之後，把及時生產的概念以及看板制度引進豐田公司來使用。

⑵ 零負債的經營

第二次世界大戰之後，美國扶持日本的卡車生產來重建日本，這個政策給了豐田公司成長的大好機會。但是，通貨膨脹的結果，卻也使得豐田公司在1948年的時候，負債金額成為資本額的8倍，差一點使豐田公司提早結束營業，豐田喜一郎為了平息員工的罷工示威，自動下臺，由豐田英二接任，這一次的風暴，也使得無負債經營，成為日後豐田公司的重要政策。

⑶ 豐田公司的生產制度

繼任的豐田英二，是豐田喜一郎的堂弟，他1933年進入東京帝大機械系，畢業之後，在芝浦大車庫的研究室工作，親自動手以及做中學習，是他奉行的工作態度，也成為日後豐田公司的主管，重要的做事方法。1950年豐田英二考察美國12週回到日本，告訴大野耐一要向福特的生產力看齊。大野耐一先生再度去美國考察福特公司的做法，同時也看到了美國超市，後拉式的作業流程，回到日本之後，積極的將豐田公司歷任領導人的理念加上考察的結果，終於創出了所謂的豐田式生產制度（TPS）。

⑷ TPS 打敗能源危機

1960年開始，豐田公司把TPS制度傳授給它的供應商，直到1973年第一次能源危機發生，日本政府才感受到豐田公司的威力，而開始倡導學習豐田式管理，一直到1980年代，也許是受到大量生產之毒太深，能夠模仿豐田公司生產制度的公司仍然寥寥可數。在往後的歲月當中，豐田公司不但更加熟練它自創的TPS制度，更把它的精神延伸到公司的其他部門，終於造就今天輝煌的成果。

⑸ 存貨是最大的問題

大量生產的時代，不能斷貨是一個普世的共識，存貨是理所當然的事情，但是存貨的存在卻掩蓋了問題，存貨愈多愈能掩蓋問題，如果停工不會影響後續作業，為什麼要對機器預先維修？不良品如果可以丟棄，何必憂慮少數品質的錯誤？所謂的零庫存，其實不在於零與否，而是問題是否被掩蓋了，這其實才是豐田公司的精神所在：讓問題自己顯現，而不必花時間去發掘，有了問題就去解決，正因為問題不斷被解決了，就會比別人有效率，比別人成本低，工廠的運轉如果一直很順利，表示問題被隱藏起來了，因為製造工廠一定都會有問題的，把存貨再減少，讓問題浮現出來，這雖然會造成工廠的停擺，但是卻能繼續解決問題，並且以更高的效率製造更佳品質的產品。

⑹ 內建品質

操作員是生產產品的人，他們知道，機器已經按照排定時間維修過了，而且有視覺制度監控中；每小時已經進行品質檢驗了，品質是沒有問題的，否則生產線會自動停止；他們知道工作的要求是什麼，他們知道，有一些機制幫助他們做好內建品質的工作；他們是在能完全掌控的情況下，他們也知道，他們已經擁有正確製造產品所需的一切條件和資源，這包括：人、材料、機器、方法等，他們會願意為了能夠製造出來好的產品而承諾負責。

這樣的品質稽核方法，顯然不同於：按照詳細操作手冊操作，分析一些統計資料，以及檢查是否遵守程序的傳統品質稽核方法。

它們是從實際管控流程的作業員角度，來看待品質工作，也就是從現場的實際情況，以現地現物來看待品質的管控，這是內建品質的真正精神所在：他們多了一份的承諾與責任。

(7) 工作的標準化

一位第一線的工作者，不論工作多麼的獨特，他都要能夠寫出一份讓其他人能夠了解的標準工作說明書表，這是流程的基準。職務工作的標準化，是持續改善與授權員工的基礎，以標準化作為授權的工具，要讓員工遵循固定程序以及自由創新來取得平衡，例如，讓員工知道車蓋的曲率與風阻的關係，比起讓他知道車蓋弧線的特定參數來的重要。

(8) 有效是因為簡單

推行5S運動，不是花費100萬請顧問教導5S研習會而已，若是成本沒有降低，品質也沒有改善，只是場所乾淨而已，久了又恢復老樣子。做5S，一定要經理人定期稽核、使用標準化的基本表格、做起來不但簡單，大家也才會認為是來真的，最優秀的團隊一定要給予獎勵，那怕只是象徵性的獎勵，這樣簡單來做才會有效果。

問題解決的方式也必須簡單，不必馬上就去推六標準差，只要先認知問題、釐清問題、再找出它的真正原因點、可以使用5個WHY來追問真因，然後下決策，評估有沒有效果，最後把流程標準化，就是如此簡單。美國人解決問題，常常靠80%的工具加20%的思考；豐田公司卻是靠20%的工具加80%的思考，而且只使用簡單的工具，但卻是效果優越，真正印證了簡單才會有效這一句話。

(9) 劍意是目的，但是劍招才是開始

學習各種功夫，無形的劍意是上乘的功夫，但是開始還是要從劍招開始，豐田公司已經達到爐火純青的地步，我們要學習它，甚至超越它，還是必須從最基本的劍招開始，還好的是，它的招式不多，總共只有4招：第一招叫做一個流生產，此招最難，你必須培養多能工，才可以過關；第二招叫做安定化生產；第三招叫做平準化生產；第四招叫做後拉化生產。4招必須連貫學成功才會發揮效用，21世紀的蓋世武功，人人可以學，人人有機會，卻也個個沒把握。其實也很簡單，你一定要先有個開始，然後，貫徹它，如此而已，當然有一個好老師，來指導正確的姿勢，可以收到事半功倍的效果。

3. 有效的引進方法——遵循「心、技、法」三個步驟

心的觀念是起點，對於資源的運用，歐美日有別，歐美2/3用於開發1/3用於改善，而日本則相反。技術是其次，四個招式（流線化、安定化、平穩化、後拉化）需循序漸進並且了解其中關連，才能有效練習。最後是方法，要去實踐必須天天練習，自主研究會強迫練習，多次練習就會習慣成自然，創造樂趣。

4. 心態決定一切

利潤的追求，跌倒了也要抓一把沙，不要白白跌倒，挑的有價值，不要為了挑而挑，浪費的來源認真找出來，真假效率要辨別出來，要追求整體的效率而不是個別效率，了解稼動率與可動率的分別，知道庫存是萬惡根源的原因，以前大量生產來降低成本是否仍然有效？多種少量生產已經成為趨勢，已經積習難改！個別製造能力的追求會造成產能的不均？ 製造程序中有沒有高價設備的阻礙？設備能力太大，人力不足？ 經濟批量觀念？ 計畫沒有落實以致月底趕貨？前置時間以及耗用率為何？安全存量的心理作祟？ 季節性變動的藉口等，心態決定一切。

5. 流程的技法

流線化生產線的優點，是解決再製品的祕密武器，可以解決工廠60%的浪費，而且馬上可以實行，投資最少；傳統功能區的布置方式，也就是水平式的缺點，物品要在每一個製造程序中間搬來般去，為了減少搬運次數，每一次要搬愈多愈好，生產批量就要愈大愈好，再製品就會很多，為了提高稼動率，每一台機器都要儘量生產，亂流方式就這樣產生，不良品不知道哪一台機器產生的，成批的不良品會整體出現，必須處理。

流程安定化及人員安定化，是標準作業或者叫做規律作業的基本，它是現場主管的職責，產距時間有如交響樂團的指揮棒，它等於作業員有效時間與訂單數，作業順序是作業者的動線順序，不是物流的順序，作業順序可以做為：作業量再分配的依據，標準手持品要依照實際需求來訂定，水蜘蛛（跑來跑去送零件品的人）應該由下一任管理儲備人選來擔任，少人化可以消除浪費，用最少作業人員，生產市場的需要量，就必須多能工的配合。而多能工實施的要點：作業簡

單，適當指導是班長的責任，作業指導書必須書面化，可以利用整體推廣競賽，有計畫性的長期培養，改良設備使成為離人化，而絕對安全的保障是為了讓人能夠安心，不會受到受傷。

機器的安定：稼動率要符合市場的需求，而可動率要愈高愈好，機器故障，調整或換模，瞬間停機都會影響可動率，速度的損失，不良品的損失，開機的損失是三大損失，保養上由作業員負責操作，維修員負責修理好嗎？全員保全怎麼做才好呢？其實清潔、給油、上緊螺絲等的一級保養，就有70%效用，因此預防保養制度，基準的做成以及不打折的執行是關鍵所在。

品質的安定：不製造不良品，不流出不良品就要製造者自己全部檢查，不接受不良品而且不可以代為修理，誰做出來誰修理，零不良的原則是——全部檢查，在製造程序內檢查；單件流動，不良品發生，馬上停線；責任明確——馬上自我修補；徹底的標準作業（重複、規律的作業）；開始以及結束的檢查、防錯裝置等。

品質安定的戰術，就是生產平均化、平準化使再製品減少，標準作業指導書可以做為新人指導之用，也可以防止倚老賣老；自己檢查：良品才可以到下一個製造程序，不良品要及時停止修正，如果是前面製造程序的責任，馬上退回，樣品要品質一致；全數檢查：朝不要檢查為最終目標，是一種精神指標，負責的態度不流出不良品，檢查的工具要自己設計以求適用，自動check排除的設計。防錯裝置：先秤好只要倒入即可，圓的東西放不進去方孔，聯鎖的設立，警示燈、蜂鳴器，簡單實用為原則。自動化：自動檢查、自動停止，用心思考。

物量的安定，經濟批量的想法，實際上並不可行，切換成本和保管成本，要一併考慮。快速切換的四個步驟中，快速切換法則，平行作業，事前工具、道具準備好，多使用道具，儘量不要使用螺絲，螺絲不要取下，基準儘量不要變動等，都是快速切換的重點。

管理的安定，就是讓現場能很容易顯現問題，並使生產活動透明化，manage就是man＋age是因人而異的，而管等於竹鞭＋官（幹部），理是依理（標準、目標、計畫）來行事，所謂管理也就很清楚了。問題意識是最大差異所在，它不是差10%而是50%，目視管理，標示板一眼就可以看出來，紅單作戰要（要與不要）區分得很清楚，劃線來區分，以紅線來標示，生產管理的看板，標準作業要包含「人、機、物」，不良品的收集箱要標示，誤失防止板，警示燈的設置，5S運動等，都是實用的管理手法。

流程的平準化就是平坦穩定的生產，產銷協調會是公司最最重要的會議，他是平準化生產的基礎，例如月別生產：生產x-1000，y-600，z-400，則週別生產：每周生產x-250，y-150，z-100，日別生產：每天生產x-50，y-30，z-20，平準化生產：每次循環x-5，y-3，z-2為單元來生產，這是一個新的觀念，技術不是做一個產品要花多少時間，而是該多少時間做出一個產品才好，產距時間可以使用類似排班表，指定座，跨越式，混流生產等都可以。

流程的後拉化，是自動倉庫的需求模式，所謂前進式生產方式事先做市場預測，生產線固定機器，固定人員，爭取最大產能，計畫生產指示，計畫採購倉儲，前製造程序，大批量生產，庫存大量產生。而後拉式生產是先由後製造程序需求產生，往前製造程序要求補貨，依照傳單作為生產以及領料依據，傳單作為作業指示、現品管理以及改善的道具，後拉式生產的條件是靠「流線化、安定化、平穩化」來完成的。傳票生產原則，後往前取貨，前製造程序只生產被取走的數量，不良品絕對不能送到後製造程序，每一個容器上必須有一張傳票，傳票只做生產微調之用一般在差異10%以內，傳票要當成有價證券來看。

6. 實踐的方法

首先要具備基本技術：最佳的技術是排除不要做，推與拉都可以達到目的，結合與分開的效用，改變順序是簡單的有效技術，5S是最基本的技術，5W1H是追根究底的萬靈丹，動作研究可以發現好方法等，然後利用自主研究會來推行，自主研究會必須有壓力的存在，強迫參加自主研究會就像點閱召集，每月舉辦一次，每個人三個月參加一次，分階層舉辦，運作方式包含目的，編制，舉辦方法，指導老師等，都要事先確定，每次活動2天：第一天9:00am-上回檢討、本次主題，4:00pm-分派工作討論、中間報告；第二天到12:00am-修正以及討論、結束討論，第二天2:00～4:00pm資料整理，第二天4:00pm各組發表。兩週後做期中追蹤、鼓舞士氣；一個月後做期末討論，一般可以完成90%，未完成的就移轉到正常組織繼續完成，每月辦理成果發表，表揚獎勵。

改善備忘錄的活用或者叫做3U MEMO的方法：目不轉睛注視「人、材、機、法」5分鐘，腦中想著5W1H反覆追問，著眼於有無「不合理、不均勻、浪費」，發現問題馬上就寫下來，不管有無解答，寫上發現問題之日期，劃出問題點之簡單圖，儘量以具體/定量寫出問題點（5W1H），容易的以「5個為何」來找方案，困難的以「IE、QC、VA」等手法找方案，想出解決方案時馬上填寫日期，具體、定量地填寫：問題解決方案與實施事項， 並劃出簡易圖形及改善要點的重要說明，改善成果（金額）等，寫上編號及評估等級。

7. 期待再相會

成年人的學習方法，即學即忘或即學即用，六個標準差的訓練方法以及卡內基學習法都是使用四階段的好方法（約30天）。經過多次馬上學習、馬上使用、馬上檢討的磨練，它確實非常有效，能夠大處著眼、馬上小處著手，就能創造短期效果，而有了短期效果才會有繼續執行的動力。

四、管理循環圖

1. PDCA：Plane-Do-Check-Action

管制循環是一種管制程序，包括計畫（plan）、實施（do）、調查（check）、處置（action）四個階段，又稱PDCA管制循環，它的觀念是建立在重視品質與對品質負責任感的基礎上，以車輪旋轉並向前推進的方式來運轉，所以彼此各部門要得到共識，才能達到目標。各階段的作法簡述如下：

(1) 計畫階段：高階層人員應先將經營的方針即管理的基準定好，下階層人員才能決定品質、產量、成本等的目標或方針，以達管理的標準。需擬定各種技術的標準書：

①設備、機械、工具標準

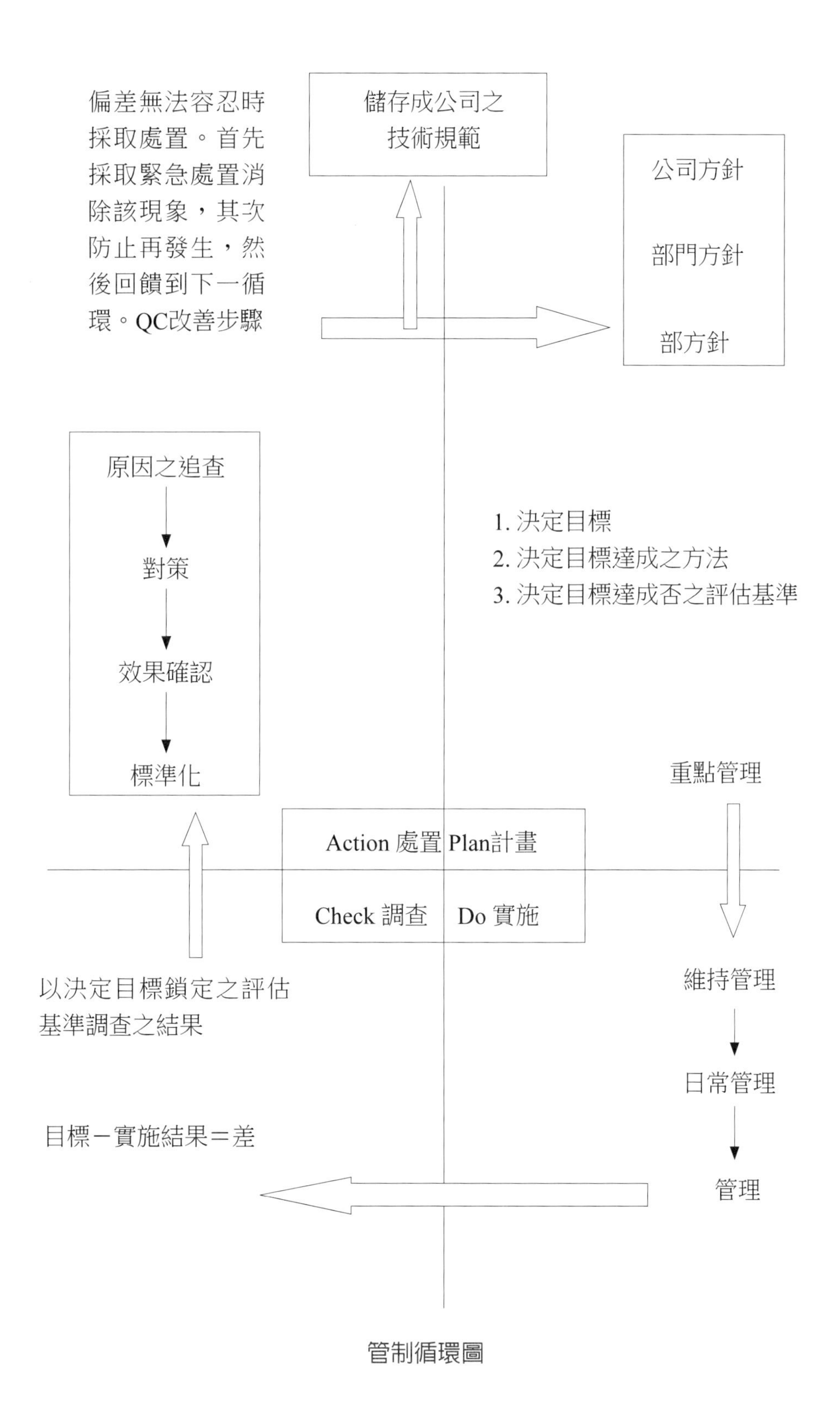
偏差無法容忍時採取處置。首先採取緊急處置消除該現象，其次防止再發生，然後回饋到下一循環。QC改善步驟
儲存成公司之技術規範
公司方針
部門方針
部方針
原因之追查
對策
效果確認
標準化
1. 決定目標
2. 決定目標達成之方法
3. 決定目標達成否之評估基準
重點管理
Action 處置
Plan計畫
Check 調查
Do 實施
以決定目標鎖定之評估基準調查之結果
維持管理
日常管理
目標－實施結果＝差
管理

管制循環圖

②原料材標準

③技術標準

④操作標準

⑤抽樣標準

⑥測定方法標準

⑦管制標準

(2)實施階段：作業人員依照標準實施作業，製造合乎基準的產品，作業人員需受職前訓練使之熟練，在操作時應隨時督導指正。實施階段要保握下列原則：

①要主管部門訂出周全的標準，屬下實施才不會影響工作效率。

②實施教育訓練，使其了解作業標準的內容。

③確實依照標準實施。

(3)調查階段：調查階段是管制循環的動力所在，主要在於查出真因，應貫徹下列作法：

①主管應經常巡視或監督部屬的作業，以了解問題點。

②定期測定品質特性、成本、產量，並作統計分析，發現潛在的問題點。

(4)處置階段：經調查後如發現異常，應追查異常發生原因，採取適當措施，確認其效果後再加以標準化，一般採取的措施有兩種：

①應急措施——異常狀態立即設法使其恢復正常的行動，這只是暫時將異常現象去除，未能找出發生異常的真正原因，該向異常隨時會有再發生的可能性。

②防止再發措施——應急措施不能治本，因此要做好品質管制，一定要查出原因，並採取能防止真因再發生的措施，其程序如下：

a.調查有無制定標準，如無則制定標準。

b.有標準時，調查是否遵守，如果遵守則修訂標準。

c.有標準但未遵守時，則調查是否了解，如不了解則需教育標準。

d.有標準也了解標準，但未遵守，則調查是否合理，如果不合理則修改標準，如果標準合理即表示擔任者有缺陷或品行不良，該工作應該換人。

五、如何有效實施PDCA循環

在日常工作上，人們常常把PDCA掛在嘴巴上，在實際執行時，一般都會有一個P，然後集合有關的人員來開會討論，討論之後，大家就會收到一份會議記錄，但是裡面看不到明確的分工，只是說明討論的結果要做些什麼，卻沒有說出要誰負責？要在什麼時候？完成什麼事情？更談不上必須動用什麼資源來協助他。然後，大家就會說：我知道了，並且把它歸檔，等下一次開會時，再把它拿出來，開會時使用，更有甚者，下一次開會的時候，前次的決議，因為時空變化，早就自動消失了，而大家也沒有再提起，於是大家又找到新的議題，來討論來開會，於是，只停留在P而已，而所以沒有辦法循環下去，就是因為沒有分工的緣故，沒有分工，則所有的責任，就由主席自己來承擔，這也是大公司常見的毛病。

與上面的情形相反的是：很多情況之下，沒有做P，沒有書面計畫，老闆說了算，老闆說了馬上去做，因為沒有書面的目標，準則全部在老闆的心中，做的人只能儘量去做，這時候發生的情況是：老闆非常不滿意，整天罵，做的人非常不高興，因為整天被叫來開會挨罵，這是有D而沒有P的典型情形，也是中小企業最大的毛病。

另外一種情形是：有P也有D，有寫的很好看的書面計畫，也已經開始做了，但是做的結果，大家都不滿意，因為結果無法與P來對照，也就是C無法執行，其原因是：產出規格寫的不具體，或者欠缺檢驗方法，沒有辦法核對，當沒有辦法核對的時候，又會回到老闆的自由心證，於是就變成，說的、寫的是一套，做的又是一套了，這是絕大多公司的實際情形。

當P有了，目標也很具體，執行結果有差異也可以核對，但是沒有做A的動作，所謂A，是除了根據C來做修正之外，它含有很重要的功能：把作業標準化，而且納入日常活動當中，否則，這一次做好了，但是標準沒有修正，下一次又會重蹈覆轍，A除了有Reaction的作用之外，更重要的是：標準化的建立，這也是目前流行的知識管理的精神所在。

有效的PDCA一定要構成一個循環，一次循環之後，就往上進一個台階，能夠這樣的來運作，才可以說是有效的運作，不能只是知道PDCA，而在運作的時候，卻把它分開來使用，那就效果大打折扣，甚至產生無效的結果，到了那個時候，再來抱怨PDCA的無效用，就顯得有一點本末倒置了。

PDCA可以運用的場合很多，舉凡計畫的管控、問題的解決改善、目標管理、命令的貫徹、標準化的管理等等都可以使用，首先把它當成一個循環來看，如果環環可以相扣，那麼離有效使用就不遠了。

六、品管圈

1. 品管圈的定義

讓所有參與生產者來共同討論生產線上品質差異的原因，藉此來增進生產能活動。

2. 基本精神

(1) 尊重人性建立光明愉快現場：

品管圈活動 是以人性本善的觀念，認為人能自主改善自己工作現場，因此工作人員不只為工資，也為自己的抱負而工作，勞力與智慧而能結合。

(2) 發揮人的能力開發無限的腦力資源：

工作人員受到尊重，很樂意將自己的見解提出，把人的腦力資源開發出來。

(3) 改善企業體質繁榮企業

工作人員能自動地改善活動，整個企業充滿活力，產品品質提高，生產效率提高，企業體質能獲得改善。

3. 推動品管圈之步驟

(1) 組成品管圈。

(2) 品管圈命名。

(3) 掌握工作崗位的問題點。

(4) 主題的決定。

(5) 設定目標。

(6) 設定活動計畫。

(7) 現狀的調查。

(8) 追究原因。

(9) 研擬對策。

(10) 確認效果。

(11) 維持成果，將作業標準化。

(12) 反省著手下一個主題。

(13) 歸結與發表。

七、QCC活動範例

品管圈是現場一組人做相似的工作，志願的每週聚會一次，學習及應用技巧，並且分析解決工作場所的問題，向管理者主動提出建議解決方案，並試行這些解決方案，以活化組織的一個團體。

它的好處是可以獲得在大眾面前講話的機會，結交新朋友，學習溝通的機會，除了重新認識工作的價值之外，同時也學到了處理問題的能力，就是個人私領域也可以利用，其工具的使用會讓人有得到武功祕笈的感覺。

籌組品管圈之後請按下列步驟執行即可。

1. 活動主題選定

(1) 列出重要問題約3至5項。

(2) 使用查檢表評估問題的優先順序，評估基準如：

①與公司經營方向的關聯性。

②是否屬上司指示事項。

③是否是困擾自己的問題。

④本身是否有能力解決。

2. 擬定改善計畫

(1) 依據管理循環（Plan、Do、Check、Action）規劃改善活動步驟。

管理循環包括四個階段：計畫、執行、檢討、處置。

(2) 使用5W1H（What、When、Where、Who、Why、How）決定活動進度及分派任務。

(3) 使用甘特圖擬定活動計畫表。

3. 訂定改善目標

(1) 掌握現狀（或稱現狀分析）

選題時若已掌握問題有關數據，可逕行數據的統計分析，繪製長條圖、直方圖、柏拉圖等，掌握異常現象的發展及特性。

選題時若尚未蒐集有關數據，則先運用查檢表進行數據蒐集，再運用層別法分析數據，繪製長條圖、直方圖、柏拉圖等，掌握異常現象的發展及特性。

(2) 設定目標

計算現狀值。現狀值必須能代表問題的特性和趨勢，不可一味使用平均值，而且也應該分析數據的變異情形，選擇適當的表達方式。

4. 要因分析

(1) 列出原因

①清查造成問題的所有原因（參考下列方法）：

a.從過去的紀錄。

b.從現場、現物、實況進行了解。

c.運用腦力激盪術。

②運用5WHY（連問五次為什麼）反覆深入探討，一直找到根本原因。

③用特性要因圖（魚骨圖）。

⑵挑出要因：

依據經驗、常識或既有技術等判斷的方式，挑出4至6個重要原因。

評估基準有重要性、影響度、發生頻率、可解決程度等。

5. 對策實施

⑴擬定對策（參考下列方法）：

①應用5W1H。

②應用腦力激盪術。

③應用改善12要點（剔除、正向與反向、變數與定數、正常與例外、合併與分離、集中與分散、擴大與縮小、附加與消除、調換順序、平行與直列、共通與差異、替代與滿足）。

④應用4 M（人、機器、材料、方法）。

⑤消除浪費、缺點、不便。

⑥應用特性要因圖（魚骨圖）、關連圖、系統圖等，整理各層次對策（一次對策、二次對策、三次對策），將對策內容做有層次的展開，愈到末端愈具體明確。

⑵評估對策

①應用查檢表或矩陣圖，實施對策評估，經常使用的評估基準有預期效果、可行性、完成所需時間等。

②整合評選後之對策，組成幾個具體完整的改善方案。

③擬定每個改善方案的實施時間，擬定實施時間除考慮各改善方案的重要性外（對達成目標的貢獻度），也要考慮如何確認每個方案的效果。

④分析改善方案的潛在問題。

⑤擬定改善方案潛在問題的預防措施。

⑶擬定對策實施計畫

①列出對策實施工作項目及時間。

②使用5W1H決定實施進度及分派任務。

③使用甘特圖或箭線圖擬定對策實施計畫表，必要時取得上級核准。

(4) 實施對策

①貫徹對策實施計畫，掌握改善進度，必要時請上級支援。

②定期檢討對策實施計畫，必要時修訂之。

③將實施對策與提案改善制度結合，可達相輔相成的改善效果。

6. 效果確認

(1) 確認每一對策效果，比較改善前、中、後品質特性水準的差異。並與選題理由與掌握現狀（或稱現狀分析）內容比較，確認改善過程的一貫性。

(2) 使用長條圖、柏拉圖、直方圖、雷達圖等，確認目標達成狀況。未達成時則檢討無法達成的原因，修訂對策繼續進行改善。

(3) 檢討有形及無形成果。

①有形成果（參考下列方法）：

a. 目標達成率＝實績值／目標值。

b. 進步率=（實績值－現狀值）：現狀值。

c. 品質／成本／進度方面效益。

d. 總效益－改善費用＝淨效益。

②無形成果（參考下列方法）：

a. 安全方面成果。

b. 環境（環保）方面成果。

c. 士氣（人際關係、組織形象、企業文化）方面成果。

d. 其他方面成果（可應用雷達圖整理）。

7. 標準化

(1) 將有效對策列入工作標準（參考下列方法）：

①整理有效改善對策。

②依文件管理辦法進行作業程序或工作標準之增訂、修訂、廢止。

③使用查檢表及作業流程圖辦理增、修訂之作業程序或工作標準之說明或訓練。

④實施日常管理。

⑵ 確認能否維持效果。若無法維持效果，則先檢討執行面問題。如有必要，則依文件管理辦法，修訂作業程序或工作標準內容。

⑶ 實施水平展開，將改善效果推廣運用在類似作業或供其他部門參考。

八、5S運動

1. 5S 的意義

5S 的內容包括如何建立並維持一個有品質的工作環境，創造一個容易發現問題而且容易管理的環境。

	在日本	引伸
1st	S 整理（Seiri）	Sort分類整理
2nd	S 整頓（Seiton）	Set in order（stabilize）使穩定
3rd	S 清掃（Seiso）	Shine使發亮
4th	S 清潔（Seiketsu）	Standardise標準化
5th	S 教養（Shitsuke）	Sustain支撐

整理（Seiri）：將需要與不需要者分類，並適當保存。

整頓（Seiton）：將需要東西保持隨時可辨識及取得狀況，並加以定位及定量。

清掃（Seiso）：將工作環境及個人徹底加以打掃、清洗及消毒。

清潔（Seiketsu）：保持衛生整齊。

教養及習慣（Shitsuke）：宣導教育、制定責任區及責任並考核績效。

起源於日本的5S運動，原本的目的：工具擺放有序，提升工作安全及效率，降低產品不良率。日本的產品成為世界頂尖的代名詞，於是普及全世界。

5S 係取自於「整理」（Seiri）、「整頓」（Seiton）、「清掃」（Seiso）、「清潔」（Seiketsu）、「教養」（Shitsuke）等五個名詞之日文羅馬拼音第一個字「S」之簡稱，亦有人加上「安全」（Safety）或「微笑」（Smile）成為 6S。

對5S重新定義為：「服務」（Service）、「微笑」（Smile）、「速度」（Speed）、「安全」（Safety）、「專業」（Skill）。

5S是將工作現場區分為「要用」與「不要用」的東西，將要用之東西透過定位標示擺放整齊、易於取用，將不要的東西加以排除、丟棄，以保持工作場所無垃圾、汙穢之狀態；並對現場時時保持乾淨、美觀。透過上述之活動，讓員工養成良好之習慣，以達「以廠為家」之宗旨。

5S是一項有計畫、有系統地做到工作場所全面性，有條理、乾淨清潔及標準化。一個有條理的工作場所可使作業更安全、更有效率、更有生產力。可以提升工作士氣，讓員工有榮譽感與責任感。

2. 5S的內容

內容

(1) 整理：把要與不要的東西分開，然後不需要的則妥善處理或丟棄，目的爭取「空間」。

(2) 整頓：將使用之物品置於適當的位子妥善保管，並予以標示。目的爭取「時間」。

(3) 清掃：經常打掃以消除垃圾與汙垢。目的在於塑造高效率的工作場所。

(4) 清潔：將整理、整頓、清掃工作徹底實施並維持其即有成果。目的在於塑造明朗清爽的工作場所以提高公司形象。

(5) 教養：透過不斷宣傳、教育、考核與激勵措施，令員工養成5S習慣。目的養成整體、整頓、清掃與清潔的習慣。

介紹如下：

(1) 整理

就是將工作場所混亂的狀態收拾成井然有序的樣子。

5S運動最終目的是改善企業的體質，企業整理就是改善體質的第一步，在工作程序中，首先要區分哪些是必要的，哪些是不必要的，拋棄不必要的，將必要的東西收拾的井然有序。實行步驟要訣就是：一一地按照順序有耐心的執行。

①首先區分哪些是必要的東西，哪些是不必要的東西。

②接下來是拋棄不必要的東西。

③再下來是將必要的東西收拾的井然有序。

(2) 整頓

物件擺放的位置明確、清楚，使用時可立即取得，歸位時容易回復原位，又方便檢查物品是否歸位。目的是讓任何人在必要時，立即取得必要的東西，因此，在規劃時需從使用者的角度來考慮。

實行重點就是：整頓要比整理更深入一點。

①能迅速取出。

②能立即使用。

③能夠發揮節約的作用。

④易取、易放、易管理；定位、定量、定容。

⑤庫存——先進先出。

⑥工具——一目了然。

⑦劃線——白線、黃線—通道、紅線—禁止、消防、電氣、緊急出口。

⑧頻率

a. 經常用——每週一次以上——操作者保管。

b. 偶而用——每月一次——幹部保管。

c. 很少用——每半年一次——幹部保管放遠處。

(3) 清掃

使物件保持在隨時可用的狀態。雖然工作場所經過整理、整頓等二項程序，而且使用的物件位置都清楚標示，也能夠立即取得，但是這些物件、工具或是備用零件的狀態，都要保持在最佳使用狀態才行，這就是清掃目的。

實施要訣：不管看得見或看不見都需要注意。

①強調高品質、高附加價值的商品，其製造過程不容許有垃圾或汙染，造成產品不良。

②機械設備要經由每天的擦拭保養，才能發現細微的異常。

③工作場所也因為巡迴檢查，而發現不安全的地方，減少公安事件發生。

掃黑——垃圾。

掃漏——水、油、氣。

掃異——異聲、異溫、振動、鬆弛、破損。

(4)清潔

就是保持工作場所沒有汙物，非常乾淨的狀態。因此，如何貫徹實施整理、整頓、清掃是清潔最重要的課題，此外，還要保持此一良好習慣。如果不能貫徹實施、持之以恆，久而久之公司的運作就會恢復以前的混亂狀態。

實行重點：一直保持清潔的狀態。

①一旦開始就不可中途放棄。

②為了打破公司僵化現象，必須貫徹到底。

③長時間累積不好工作習慣及不流暢的工作程序，要花更多時間來矯正。維持、改善、點檢：環境衛生、廠房設施、機械設備。

(5)教養

就是做好儀表和禮儀兩方面，養成大家嚴格遵守規定事項的習慣。要以整理、整頓、清掃、清潔4S為最後完成基本工作，並藉以養成良好習慣，也就是透過任何人都容易著手的4S來達成目標。

實行重點：

①工作場所中規定的事項，大家都按照規定，正確且徹底地去實行。

②為了貫徹教養，所有規定都公佈在顯而易見的地方。

③習慣養成標準化、反覆訓練、防呆措施。

(6)「5S」功能

零浪費、零傷害、零故障、零不良、零換模、交貨零延遲、零抱怨、零赤字。

3. 實行5S運動的效果：效率、費用、空間。

(1)直接效果：

①縮短員工作業工時，提高生產率。

②減少機器故障率，提升設備使用壽命。

③降低費用支出，使企業資金可以靈活運用。

④減少搬運時間，使生產線流程更順利。

⑤縮短產品出庫時間，強化生產對應力。

(2) 間接效果：

①提高公司管理水準。

②提升全體員工參加改革的意識。

③成為工作場所改善的開始。

④員工對工作產生自尊的信念。

⑤提升公司的信譽，讓顧客刮目相看。

4. 5S工具

(1) 目視管理。

(2) 視覺85%，聽覺11%，其他4%。

(3) 定點照相法——點的管理。

(4) 水平展開法——面的管理。

5. 導入步驟

(1)	5S共識	危機
(2)	5S推委會	團隊
(3)	5S計畫	提出／溝通願景
(4)	5S宣言	
(5)	5S教育	
(6)	5S發動	授權去做／短期效果
(7)	5S評價維持	拓展／深植企業文化中

6. 推行5S運動成功的關鍵

(1) 利用活動讓公司全體員工產生共識，達成全員經營的管理模式。

(2) 藉由上而下企業全員參與活動，使高階主管產生以身作則的負責任態度。

(3) 以品質來貫徹推行「顧客第一」的運動，因此要執著、踏實、有恆。

7. 結論

5S是一項非常好的管理工具，它不但可以使管理變得具體化、生動化、活潑化，更重要的是，它更能激起員工們對這項活動的興趣，因為，它是一種同時能滿足視覺與聽覺這兩種功能的一種管理方式。

以上介紹推行5S運動的基礎，訴諸文字容易，但執行仍須有恆心、耐心及毅力，畢竟「知易行難」。

8. 實用的檢查表

「5S」是一種先進的，旨在提高流程績效的現場管理方法。

「5S」用來提高流程績效之外，生產主管還可以用「5S」檢查表對於員工績效進行考核。

整理20分

項　目	權重	評分
1.不必要物品是否清離現場	4	
2.應歸位工具是否留置現場	5	
3.上一機種原物料零件是否留置現場	4	
4.機種是否與作業基準及加工規格吻合	4	
5.零件盒、不良品盒中是否清理乾淨	3	

整頓 20分

項　目	權重	評分
1.倉庫是否按貨物分類進行區域管理	3	
2.貨架是否依原物料規格就續定位存放	3	
3.存放位置是否先入先出方便拿取原則	4	
4.倉庫貨品多，可有分類色別目視管理	3	
5.特殊原物料是否有特殊管理	4	
6.是否定期保留品、不良品、廢料等	3	

清掃20分

項　目	權重	評分
1.作業場所是否清掃乾淨、沒有汙染物	5	
2.作業檯面是否擦拭乾淨、沒有殘留物	4	
3.設備工具是否有油汙、灰塵等	4	
4.作業中是否有零件或產品掉落地面	4	
5.作業結束是否清掃燈管架定期清潔	3	

清潔 20分

項　目	權重	評分
1. 3S是否規範化，是否長期堅持	4	
2.廠內是否適當適量設置垃圾筒	4	
3.廠內標語提示物，是否整齊清潔	4	
4.通路設置是否得宜順暢	4	
5.安全門梯間樓層標示是否明確、乾淨	4	

教養20分

項　目	權重	評分
1.工作是否依計畫進行及改善計畫	4	
2.工作改善是否積極參與，並有提案	4	
3.是否遵守公司各項規定	4	
4.對上司、同事是否以禮相待，應對是否自然得體	4	
5.開會、早會是否專心認真	4	

合計　　100分　　分

第三節　工廠的管理分類

一、衛生管理

工廠應制定「衛生管理標準書」以為依據，可分為：

1. 環境衛生管理。
2. 廠房設施衛生管理。
3. 機械設備衛生管理。
4. 人員衛生管理。

二、製程管理

制定「製造作業標準書」，生產部主辦，品管部認可。

1. 原料處理：檢收與儲存。
2. 製造作業：人員、製程、作業、設備，應符合安全衛生原則。

三、品質管制

制定「品質管制標準書」，品管部主辦，生產部認可。

1. 原材料之品質：詳定原材料規格，驗收標準與儲放管理。
2. 加工中之品質：找出安全衛生管制點，制定管制項目，製造中發現異常時，迅速追查矯正。

四、倉儲與運輸管理

倉儲方式應避免日光、雨淋、激烈溫、濕度變動，物品定期查看，並有溫度記錄。

第四節　食品工廠衛生管理

一、食品衛生定義

Food Sanitation：The production, manufacturing, and distribution of clean and wholesome foods by people.

為了達此效果，必須由：農場原料生產→採收→加工→運銷→零售，全程衛生管制。

二、衛生作業功能

在一般食品製造工廠，衛生作業的功能包括：

1. 一般衛生。
2. 有害動物的管制。
3. 員工工作設備維護。
4. 清潔處理。
5. 員工衛生。
6. 重要微生物管制。

三、其他方面涉及衛生作業的功能

1. 建築物的材料與維護。
2. 水源衛生。
   (1) 用水規定：依《食品業者製造、調配、加工、販賣、貯存食品或食品添加物之場所及設施衛生標準》之第三條規定用水應符合下列之規定：

①凡與食品直接接觸及清洗食品器具者，應使用符合飲用水水質標準之水。

②應有固定之水源，足夠之水量及供水設施。

③非使用自來水者，應設置淨水或消毒設備。使用前應向當地飲用水主管機關申請檢驗，檢驗合格後，始可使用。每年至少重新申請檢驗一次，檢驗記錄應保存一年。並應指定專人每日作餘氯量及酸鹼值之測定並作記錄，以備查考。

④蓄水池（塔、槽）應有汙染防護措施，並定期清理保持清潔、防止汙染。

⑤飲用水與非飲用水管路應完全分離不得相互交接。

⑵用水處理之方法

①沉澱法。

②過濾法。

③加氯消毒法。

④煮沸法。

⑤UV殺菌法。

⑥逆滲透法。

⑶有效餘氯含量

①原料洗滌用水：3～10ppm。

②食品調理用水：0.2～0.5ppm。

③罐頭殺菌後成品冷卻用水：0.2ppm以上之程度。

④設備洗滌消毒用水：15～20ppm。

⑤餐具、器皿消毒用水：150～200ppm。

⑷飲用水水質標準

民國87年2月4日行政院環境保護屬發布之《飲用水水質標準》，於第三條規定如下：

飲用水水質標準87.2.4環署毒字第0004428號令發布

類別	項　目	最大限值	備　註
細菌性標準	1.大腸桿菌群（Coliform Group）	6MPN/100毫升	多管醱酵法
		100CFU/毫升	濾膜法
	2.細菌落數（Total Bacterial Count）	100CFU/毫升	
物理性標準	1.臭度	3初嗅度	
	2.濁度	4NTU	自87.2.4施行
		2NTU	自89.12.1起施行
	3.色度	15鉑鈷單位	自87.2.4施行
		5鉑鈷單位	自87.2.4施行
化學性標準　一、影響健康物質	1.砷	0.05毫克/公升	自87.2.4施行
		0.01毫克/公升	自87.12.1施行
	2.鉛	0.05毫克/公升	
	3.硒	0.01毫克/公升	
	4.鉻（總鉻）	0.05毫克/公升	
	5.鎘	0.005毫克/公升	
	6.鋇	2.0毫克/公升	
	7.銻	0.01毫克/公升	
	8.鎳	0.1毫克/公升	
	9.汞	0.002毫克/公升	
	10.氰鹽（以CN計）	0.05毫克/公升	
	11.亞硝酸鹽氮（以氮計）..	0.1毫克/公升	
	12.總三鹵甲烷	0.1毫克/公升	
揮發性有機物	13.三氯乙烯	0.005毫克/公升	
	14.四氯化碳	0.005毫克/公升	
	15.1,1,1,-三氯乙烷	0.20毫克/公升	
	16.1,2-二氯乙烷	0.005毫克/公升	
	17.氯乙烯	0.002毫克/公升	
	18.苯	0.005毫克/公升	
	19.對一二氯苯	0.075毫克/公升	
	20.1,1-二氯乙烯	0.007毫克/公升	

類別			項　目	最大限值	備　註
		農藥	21.安殺番（Endosulfan）	0.003毫克/公升	
			22.靈丹（Lindane）	0.0002毫克/公升	
			23.丁基拉草（Butachlor）	0.02毫克/公升	
			24.2,4-地（2,4-D）	0.07毫克/公升	
			25.巴拉刈（Paraquat）	0.01毫克/公升	
			26.納乃得（Methomyl）	0.01毫克/公升	
			27.加保扶（Carbofuran）	0.02毫克/公升	
			28.滅必蝨（Isoprocarb）	0.02毫克/公升	
			29.達馬松（Methamidophos）	0.02毫克/公升	
			30.大利松（Diazinon）	0.005毫克/公升	
			31.巴拉松（Parathion）	0.02毫克/公升	
			32.一品松（EPN）	0.005毫克/公升	
			33.亞素靈（Monocrotophos）	0.003毫克/公升	
	二、可能影響健康物質	1.氟鹽（以F表示）		0.8毫克/公升	
		2.硝酸鹽氮（以氮計）		10.0毫克/公升	
		3.銀		0.05毫克/公升	
	三、影響適飲性物質	1.鐵		0.3毫克/公升	
		2.錳		0.05毫克/公升	
		3.銅		1.0毫克/公升	
		4.鋅		5.0毫克/公升	
		5.硫酸鹽（以SO_4計）		250毫克/公升	
		6.酚類（以酚計）		0.001毫克/公升	
		7.陰離子介面活性劑（MBAS）		0.5毫克/公升	
		8.氯鹽（以Cl計）		250毫克/公升	台灣本島地區自87.2.4施行
				250毫克/公升	離島地區自89.12.1施行
		9.氨氮（以氮計）		0.5毫克/公升	台北市及福建省自87.2.4施行
				0.1毫克/公升	台北市及高雄市87.2.4施行
				0.1毫克/公升	台北市及福建省自87.12.1施行

類別	項　目	最大限值	備　註
	10.總硬度（以$CaCO_3$計）	500毫克/公升	台灣省自87.2.4施行
		400毫克/公升	台北市及高雄市87.2.4施行
		400毫克/公升	台北市及福建省自87.12.1施行
		150毫克/公升	台灣省、台北市、高雄市及福建省自87.12.1施行
	11.總溶解固體量	800毫克/公升	台灣省自87.2.4施行
		600毫克/公升	台北市及高雄市自87.2.4施行
		600毫克/公升	台北市及福建省自87.12.1施行
		250毫克/公升	台灣省、台北市、高雄市及福建省自87.2.4施行
四、有效餘氯含量	自由有效餘氯（註1.）	0.2～1.5毫克/公升	自89.12.1起施行
		0.2～1.0毫克/公升	台灣省、台北市及高雄市87.2.4施行
五、氫離子濃度指數	氫離子濃度指數（pH值）（註2.）	6.0～8.5毫克/公升	福建省自89.12.1起施行
		6.0～8.5毫克/公升	

註1.：僅限加氯消毒供水系統。

註2.：公私場所供公眾飲用之連續供水固定設備處理後之水不在此限。

3. 廢水、廢棄物處理

(1) 廢水處理

①廢水直接排入下水道，送至汙水處理廠處理。

②利用生物、物理、化學作用處理汙水的設備，可將汙水處理至放流水標準。

(2) 廢棄物處理

食品工廠常用的廢棄物處理方法：焚化、堆肥、掩埋飼料、委託處理。

4. 一些實驗室測定
5. 工廠設備
6. 供水系統的安排
7. 衛生作業功能的檢查

四、工廠作業人員之管理

食品製作人員是指參與食品直接接觸人員，所以其從業人員的衛生習慣與環境衛生，是預防食物汙染與食物中毒最有效的方法。食品工廠作業的任何人若患有傳染性疾病，應禁止其參與製備與供應食物，並接受治療。若皮膚有外傷，會導致食物汙染，應避免參與操作，因為致病菌極易由此途徑汙染食物。

從業人員衛生管理包括了人員的健康管理、衛生習慣與衛生教育三大類：

(一) 健康管理：健康檢查包括新進人員與在職人員。

1. 新進人員健康檢查以明瞭自己的身體狀況，是否適合從事此行業，也可達到預防的效果。檢查的項目有:
   (1) 經歷調查。
   (2) 自覺症狀與其他症狀。
   (3) 身高、體重、視力、色盲與聽力。
   (4) 胸部X光檢查。
   (5) 血壓、糖尿、蛋白尿。
   (6) 糞尿的細菌檢查。
   (7) 必要時作有無寄生蟲卵檢查。
2. 在職人員每年至少一次定期健康檢查，檢查項目甚多，其中最重要為A型肝炎、手部皮膚病、膿瘡、外傷、性病、眼疾、傷寒、結核病等法定傳染病。

（二）衛生習慣

與食品接觸的從業人員對衛生的要求標準在「食品業者良好衛生規範一般規定」中的「食品業者衛生管理」中有嚴格規定。其要點如下：

1. 從業人員進入清潔區前應清洗與消毒雙手，因為手與食品直接接觸，容易傳播有害微生物。洗手的目的可去除附在表面的汙物，尤其微生物。手部附著的細菌有兩種：(1) 永久性細菌：皮紋及皮脂腺內，通常無害。(2) 暫時性細菌：皮膚表面，由接觸而附著。工作人員應經常洗手與消毒以確保手部衛生。

   在下列工序前應要洗手：開始工作、處理食物、處理清潔碗碟、戴上新手套。在下列情況後應要洗手：如廁、吸菸、進食或進飲、噴嚏或咳嗽、休息、接觸任何汙染病源，如電話、金錢、骯髒巾布未經煮過的食物、肉類、蛋、新鮮農產品；處理骯髒碗碟、工具、用具或垃圾；使用清潔劑或化學劑、從地上撿拾食物、離開工作地點後再回去製備食物、脫除汙穢手套、在工作期間有需要時。

※作業人員之衛生管理

依《食品工廠良好作業規範通則》之第8.5條規定如下：

1. 手部應保持清潔，工作前應用清潔劑洗淨，凡與食品直接接觸的工作人員不得蓄留指甲，塗指甲油及配戴飾物。
2. 若以雙手直接調理不再經加熱即食用之食品時，應穿戴消毒清潔之不透水手套，或將手部徹底洗淨及消毒，戴手套前，雙手仍應清洗乾淨。
3. 作業人員必須穿戴整潔之工作衣帽，以防頭髮、髮屑及外來雜物落入食品、食品接觸面或內包裝材料中，必要時需戴口罩。
4. 工作中不得有抽菸、嚼檳榔或口香糖、飲食即其他可能汙染食品之行為。不得使汗水、唾液或塗抹於肌膚上之化妝品或藥物等汙染食品、食品接觸面或內包裝材料。

5. 員工如患有出疹、膿瘡、外傷、結核病等可能造成食品汙染之疾病者，不得從事與食品接觸之工作。員工每年至少應接受一次身體檢查。
6. 應依標示所示步驟，正確的洗手或消毒。
7. 個人衣物應儲存於更衣室，不得帶入食品處理或設備、用具洗滌之地區。
8. 工作前（包括調換工作時）、如廁後，或手部受汙染時，應清洗手部，必要時予以消毒。
9. 訪客之出入應當適當管理。若要進入食品暴露場所時，應符合現場工作人員之衛生要求。
10. 在適當地點應設有急救器材和設備。

（三）正確的洗手方法

1. 以水濕潤手部。
2. 擦上肥皂、皂液或食品用洗劑。
3. 肥皂用後，先在水龍頭下沖洗乾淨，然後放進皂盒（如果使用液體清洗劑，此步驟可省略）。
4. 兩手心相互摩擦。
5. 兩手自手背至手指相互搓擦。
6. 用力互搓兩手之全部，包括手掌及手背。
7. 作拉手姿勢以擦洗指尖。
8. 用刷子洗手更能去除汙物和看不見的病菌。
9. 在水龍頭下沖淨皂沫。
10. 以紙巾或消毒毛巾擦乾，或以熱風吹乾手部。

五、食品工廠防蟲防鼠管理

（一）昆蟲防治管理

昆蟲防治好否可反應出衛生管理狀況之水平，也可說是衛生管理重要指標之一，亦可將昆蟲混入當成「異物混入」嚴密控管。

＊防止異物混入管理三大主軸：

1. Personal sanitation：作業人員的衛生教育及衛生要求。
2. Soft sanitation：衛生標準作業SOP（standard operation procedure）及SSOP（sanitation standard operation procedure）。
3. Hard sanitation：以GMP工廠建廠標準來建構HACCP的食品工廠。

＊昆蟲防治管理原則：三不政策（三部曲）

1. 不吸引靠近（光線、顏色、迄未、熱源、氣流負壓等）。
2. 不讓其侵入。
3. 不讓其滋生。

（二）昆蟲防治作業指引

以每一區隔場所（清潔區、準清潔區、一般區）為單位，以一個月為週期進行昆蟲防治管理，直至昆蟲指數達到目標，並持續改善，向上提升水準。

1. 昆蟲指數管理目標

區域制	清潔區	準清潔區	一般區
目標值	1↓	2↓	4↓

(1) 高標：為上述目標值之1/2（日本乳品工廠 0.15↓/0.5↓/1↓）

(2) 昆蟲指數：一星期平均每只捕蟲器每日所捕獲之昆蟲數

$$昆蟲指數=\frac{總捕蟲數}{捕蟲器數}\times\frac{7}{調查日數}$$

(3) 爬行性昆蟲使用蟑螂屋，飛行性昆蟲使用黏著式捕蟲燈。

2. 昆蟲防治作業指引

昆蟲防治作業程序：

3. 昆蟲指數調查：

(1) 準備工廠的配置圖：區分清潔區、準清潔區、一般區。

(2) 於各區查看現場，選定捕蟲器設置地點（依昆蟲之習性滋生源、入侵管道入口、停留點與躲藏點），並於配置圖標明捕蟲器編號。

①20m^{2}地坪面積放置約4枚黏著捕蟲器（蟑螂屋），放置地點宜選壁緣或室內轉角處，避免淋到水。

②原則一個區域至少1台以上，裝設高度離地約1.8～2m，裝於入口處背對門。

(3) 依照圖面設定地點放置並登記管理：捕蟲器編號、負責管理人姓名、更換捕蟲板之日期及下次更換日期，更換燈具之日期及下次之日期。

(4) 計算昆蟲指數。

①依昆蟲「種別」分別計算捕獲數量，並分區統計紀錄。

②依照每個捕蟲器捕獲昆蟲數在配量圖上劃圓圈（大小）。

$r = \sqrt{\text{捕獲昆蟲數}}$

4. 現況分析及對策擬定：

(1) 昆蟲的鑑定

①一般鑑定到「科」，若有困難可鑑定到「目」，發生昆蟲混入之異物抱怨儘可能鑑定到「種」，可委託外部專家。

界（動物界）→門（節肢動物門）→綱（昆蟲綱）→目→科→屬→種

共有26～33目，如雙翅目（蚊蠅）、網翅目（蟑螂）、鱗翅目（蝶、蛾）、鞘翅目（甲蟲）、半翅目（床蝨）。

②昆蟲鑑定所需之工具：放大鏡、雙筒顯微鏡、昆蟲圖鑑、昆蟲索引一覽表、重要昆蟲照片、文獻等。

③依照昆蟲之型態（頭、胸、腹部）、食性、生活習性分類如下：室內繁殖型昆蟲、室外侵入型昆蟲、綜合性型昆蟲（上述兩項均有可能）；夾帶進入型昆蟲（隨人員、原物料、包材、棧板、用具等侵入），確定昆蟲發生源（外來或內生）以便掌握現場昆蟲之分布生態現況。

④製作工廠重要之昆蟲圖鑑表：篩選常內捕獲最具代表性支昆蟲約10種，載名昆蟲名稱、幼蟲圖片、成蟲圖片、蟲的排泄物、成長週期發生源、發生高峰期（時段或季節）、氣候（晴雨之影響度）、防治方法或滅蟲藥品。

(2) 現場檢查及對策擬定

①對各區昆蟲指標大於目標值者，必須追求真因。

可以上述硬體措施（hard sanitation），軟體管理SOP及SSOP，人員衛生管理三大主軸及5S製作檢查表，確實作好現場檢查。

②入侵途徑之判明 4W1H：入侵或滋生的是什麼昆蟲（what）、為什麼會入侵或滋生（why）、從何處入侵或何處滋生（where）、什麼時候入侵（when）、如何進入（how）。

③制訂昆蟲分析及改善對策表（action management sheet）。

發生場所	昆蟲問題點	真因	改善對策	預定日期	執行者	完成日期	確定日期
	科名、昆蟲指數、原因分析、5why、4w、1H						

④分別對各區域之人員舉辦昆蟲防治教育，說明昆蟲指數調查結果，昆蟲鑑定、選定區域內重要昆蟲（依80-20法則）作為防治對象，並提出現場檢查所發現之軟硬缺失，共同討論擬定改善對策。

5. 對策實施

(1) 對策依急迫性，有效性等選定優先順序。

(2) 徹底執行5S（廠內外），廠內設施之清洗與消毒（如前述）。

(3) SOP、SSOP等管理PDCA循環。

(4) 改善硬體缺失：光源、氣流、縫隙密封、空氣浴、空氣簾、防蟲燈、濾網、紗窗、高速捲門、捕蟲燈、排水設施、機械設備。

(5) 衛生管理負責人及主管要定期稽核，及追蹤改善進度，確認有效對策列入標準化，落實日常管理之維持。

(6) 防蟲管理必須全面參與，持續不斷改善PDCA，以預防管理防範發生食品安全事故。

(7) 化學藥劑防蟲

①施藥前7天以上進行昆蟲指數調查，施藥完成7天再作一次調查，以比較其防治效果。

②防治前應告知準備工作及注意事項，協調不影響生產之防治時段。

③防治作業必須書面記錄：防治區域範圍及方法、用藥、種類、時間等。

④用藥必須符合《環境衛生用藥管理辦法》，常用殺蟲劑為合成除蟲菊，氨基甲酸鹽類。

6. 效果確認及檢討

(1) 以昆蟲指數調查，消費者抱怨昆蟲混入件數，現場檢查等作為防治效果評估依據。

(2) 檢討防治作業及各項管理之缺失，並持續改善。

(3) 藥劑防治是否產生抗藥性。

(4) 檢討合乎經濟安全之防治週期。

(5) 衛生害蟲侵入預警通報系統之建立。

(6) 緊急應變制度之建立。

(7) 導入新式且安全之防治作業方法。

（三）老鼠防治管理

1. 台灣常見的鼠類如下：

(1) 家鼷小家鼠（Mus musculus）：個體最小，體長6～10公分，家鼷鼠喜穀粒，喜居於箱盒或破布堆中，樓層上下皆可見其蹤跡。

(2) 屋頂鼠黑家鼠（Rattus rattus）又名船鼠或屋頂鼠，體長16～21公分喜蔬菜、水果及穀物；喜居於天花板或樓上，高樓大廈中也常見到。

(3) 溝鼠（Rattus norvegicus）又名挪威鼠，體長18～25公分，體型較大，喜魚肉、穀物、有機垃圾，食性較雜。喜居於水邊，尤其是溝渠中。

2. 鼠的習性

(1) 習慣夜間活動，聽覺嗅覺靈敏，利用身上皮毛頰鬚查知周圍環境導引活動，擅於沿著牆壁或物體邊緣而行，常經之處形成光鮮鼠徑，留下粒狀糞便。

(2) 擅攀爬，可將身體收縮通過很小孔穴（小鼠0.6公分）。

(3) 跳磞能力強，垂直躍高1公尺左右。

(4) 溝鼠、屋頂鼠活動範圍30～50公尺，小家鼠5～10公尺。

(5) 雜食性動物，平均每日進食15～30克食物及30克水分小家鼠較少，每日約5克及少量水，一般不吃腐敗或發霉食物。

(6) 每年可產5～8胎，每胎產仔數5～16隻。

(7) 嚙齒動物門齒不斷增長，因此喜歡嚙咬物體，由咬痕及咬聲可形成鼠群穩居築巢之所，判斷齒群大小。

3. 防治方法：防鼠三部曲與防蟲相同——不吸引靠近、不讓其侵入、滅鼠。

(1) 四周環境管理：生態防治法

①避免室外堆積雜物，尤其是廢棄物場、垃圾場、下腳品場、廢棄棧板堆等，要儘速清理（室外之5S執行度）。

②圍牆之縫隙、孔洞應以水泥封堵。

③修剪綠籬、清除蔓藤雜草。

④原材料殘渣、投入密閉容器，廚餘等儘速清理。

(2) 廠房管理

①門戶管制，避免門縫過大，並隨時修補破損門牆，鼠害嚴重之處所，門窗改用不鏽鋼等金屬材質。

②排水管、落水孔（陰井）裝設小於0.6公分網目之欄網，以及設置水泥封門。

③任何進入天花板、牆壁、地板等雙層之管線貫穿口以金屬板片或水泥封閉縫隙。

④倉庫、貯藏是定期清理，倉庫內物品成排堆放整齊，中間並留有20～30公分寬度，貯物架以地面距離30～40公分的高度。

(3) 物理、化學、生物防治方法：及早發現鼠跡、鼠痕、鼠穴、鼠糞、鼠群及早進行防治，一公一母一年三百五，鼠類繁殖快速。

①沿著牆壁、牆角或鼠類經常活動的路徑，置放捕鼠器、捕鼠夾、黏鼠板、鼠餌以捕殺鼠隻。

②放置捕鼠器或鼠餌後，不要經常變動位置，每天檢查觀察數日約4、5天後，如無鼠隻前來變更位置，捕鼠器放置平穩，以免搖動驚嚇鼠隻。

(4) 藥劑毒殺法

①緩效性：一般使用抗凝血劑，讓老鼠體內出血而死亡（食後約7～10天）。

②急效性：老鼠只需一次取食少量毒餌，短時間（24小時）即中毒死亡，如磷化鋁（鎂）、紅海蔥等。

③置放鼠餌應選擇穩蔽處所，並利用盒子或木板做成毒餌站或餌箱，以避免誤食或汙染食品。

④鼠類的食性不同，溝鼠喜魚肉、穀物、有機垃圾，食性較雜；屋頂鼠喜蔬菜、水果、穀物；小家鼠喜穀物，故以食物誘引老鼠除注意其新鮮度外，亦應投其所好。

⑤鼠餌滅鼠效果不佳，需檢討：

a.放置位置是否適當，選擇鼠跡出沒之通道洞穴、下水道附近陰暗處緊靠牆壁不留縫隙。

b.是否適時補充鼠餌，連續投3～7天，老鼠取食後就要補充，確認置放時間是否太短。

c.鼠餌放置處不夠多，或放置距離過大（12平方公尺放置1～3堆毒餌，距離約8公尺）。

d.有抵抗緩效性毒劑之鼠群存在或外來新侵入之鼠群。

(5) 煙燻法：一般用於室外鼠群藏身之洞穴，煙燻劑一般使用磷化鋁（鎂）溴化甲烷，也使用於穀倉貨櫃船艙等，毒劑必須符合環境衛生用藥規定，對人畜毒性極高，應由病媒防治公司專人實施。

(6) 電子驅鼠器：超音波發生器（固定類、可變頻、自動變頻三種），短時間老鼠震驚驅避，但長時間會習慣規則重複之聲波。

(7) 不孕性藥劑：對雄雌鼠隻造成不孕，但成效待驗，尚未達到實用階段。

(8) 生物防治：利用老鼠天敵，養貓抓老鼠，或以對人畜無毒，但對老鼠有致病性之病原微生物來滅鼠，但這種方法條件很嚴、進展較慢。

4. 防治記錄與報告；紀錄包括：

(1) 標記餌箱、捕捉器及其他控制裝置的位置圖面。

(2) 毒鼠劑的使用種類、用量、時間、地點。

(3) 未被消耗食餌的收集及如何丟棄。

(4) 捕捉之程序，捕捉活鼠或發現死鼠之數目及其他活動之狀況，如鼠類活動行跡調查，皆應詳細記錄。

5. 防治鼠類的計畫可由工廠從業人員實施或委託專業廠商實施，專業廠商必須具備房屬專業能力PCO（pest control operator），在工廠內應選衛生管理人員陪伴PCO工作，防鼠人員必須將滅鼠活動之完整報告列檔管理，報告之形式如下表：

嚙齒類的勘察及控制之報告

工廠＿＿＿＿＿＿日期＿＿＿＿＿＿

1.商業上撲滅得機構名稱＿＿＿＿＿＿＿＿＿＿＿＿

2.工廠配合者＿＿＿＿＿＿＿＿＿＿＿＿

嚙齒類的勘察

1.控制的工作是否滿意？是＿＿＿＿否＿＿＿＿

2.嚙齒類之躲藏處（指出特別的地方）＿＿＿＿

（排泄物、食品及包裝物之損失、肯咬痕跡、鼠類足跡等）

3.嚙齒類出沒的證據及確實地點。＿＿＿＿＿＿＿＿＿＿＿＿

4.可利用食品之供應否？＿＿＿＿＿＿＿＿＿＿

5.嚙齒類出沒大約程度。＿＿＿＿＿＿＿＿＿＿

6.最近控制活動中，老舊的食餌是否已被拾起？＿＿＿＿＿＿

嚙齒類的控制

1.食餌使用之形式＿＿＿＿＿＿使用的毒劑＿＿＿＿＿＿

2.直接毒殺＿＿＿＿＿＿或使用預餌＿＿＿＿＿＿

3.食餌的位置＿＿＿＿＿＿

工廠內每一位員工是否都知道毒餌的位置？＿＿＿＿＿＿

假如是如此，是誰？＿＿＿＿＿＿

4.毒餌如何被保護？＿＿＿＿＿＿

5.其他安裝的控制裝置？＿＿＿＿＿＿

建議事項

1.特別或嚴重的問題，如果有＿＿＿＿＿＿

2.工廠附加之控制裝置＿＿＿＿＿＿

3.需要的嚙齒類防護設施＿＿＿＿＿＿

4.應除去的嚙齒類隱藏處＿＿＿＿＿＿

5.其他的建議＿＿＿＿＿＿

主管＿＿＿＿＿＿簽名＿＿＿＿＿＿

六、異類混入與檢出

異物（金屬、玻璃）混入與使用檢出機之排除。

1. 金屬檢出機、混入磁性弱之金屬或金屬容器內之金屬檢出有其困難。

   金屬檢出機：螺絲、螺帽、建物、金屬疲勞破損、原料混入金屬、人為誤入等，故導入金屬檢出機有其必要：

   型式、大小、輸送帶尺寸、鋁箔蒸、包裝形式之特殊機種會影響檢出感度。防水構造或檢出機周圍金屬構造物之形狀、振動等，亦會影響檢出感度，須按供應商規範設計安裝。

2. χ線異物檢出機，但蟲、毛髮密度低檢出困難，只有依賴目視管理。

   χ線異物檢出機：缺品或異物存在亦可顯示，感測器要定期更換，輻射線按法規管理遵行。

	χ線異物檢出機	金屬檢出機
磁性強金屬	鐵ψ0.4mm	鐵0.4～0.7mm
磁性弱金屬	Susψ0.4mm	Sus0.7～1mm
非金屬檢出	石（陶瓷）ψ1mm、玻璃ψ1mm、HDPE 1mm，橡膠NBR 1mm、硬骨、貝殼、蛋糕	不可能
金屬容器中之異物	罐頭（鋁罐）、RP、冷凍食品容器（鋁袋包裝）	罐頭不可能、鋁箔包裝、鐵ψ1.0～1.2mm、Susψ6.0～8.0mm可檢出之機種
欠品檢查、氣泡檢查	可與異物平行檢查	不可能
設置面積	大	小
投資金額	高、金檢機之5～10倍	低
運轉費用	χ射線管senser定期更換	電器費用

七、包材衛生管理

包裝材料事故防止、包材加工廠之衛生管理。

1. 重大缺點：針孔、破損、汙染、蟲、毛髮、紙粉、蠅屑、黏膠帶、異味。
2. 中度缺點：碳化物（黑點）、焦化物、氣泡、積層分離、印刷不良亦有微生物汙染問題，可能來自下列因素：
   (1) 人員手部清洗消毒不足。
   (2) 成形機出口輸送帶清掃殺菌不足。
   (3) 工廠衛生管理體制未建立（軟、硬體、人員等）。
   (4) 工廠環境汙染。

軟包裝材料工廠之衛生管理

加工衛生管理軟體面	加工衛生管理基準	・原材料、素材之管理 ・中間製品之管理 ・製品之管理及記錄（品質及衛生狀態等） ・加工工程管理、紀錄（汙染、誤用、徹底防止混用、衛生狀態等） ・機械及器具之管理、紀錄（保守點檢、衛生狀態等） ・外部發包之管理 ・其他加工衛生管理
	環境管理	・作業所之塵埃、微生物管理（浮流塵埃數、落下菌數、附著菌數等） ・構造設備、機械、器具之檢查清掃管理（處所、回數、紀錄等） ・作業所內外之殺菌、驅除 ・用具、藥劑、作業順序之維持管理 ・鼠、昆蟲等防治 ・塵埃測定機器、微生物測定器定期檢查
	作業者之衛生管理	・服裝管理、紀錄（清潔、防塵服裝等） ・健康管理 ・洗手管理基準 ・其他（管理基準、客訴處理、教育訓練）

構造設備硬體面	四周環境之基準	・夜間屋外照明防蟲燈使用 ・廠外鋪裝
	加工廠構造之設備基準	・出入口二重門不可同時開閉之構造 ・暗室設計防蟲侵入 ・易清掃之材料、構造（天花板、地面、壁不可有凹凸不平） ・塵埃及落下菌防止，配管不可露出 ・前室樓梯捕蟲器、殺蟲燈設置 ・鼠及小動物進入防止構造（配管孔封閉、排水溝逆流防止）
	作業場所構造之設備基準	・照明照度及器具 ・空調設備（陽壓塵埃吸入防止構造） ・放置場所之區劃 ・Air shower等
	廚房、餐廳、廁所及洗手處所之構造及設施基準等	
衛生管理機器	衛生管理機器之設備	・粉塵測定器 ・微生物測定器 ・防蟲、衛生管理機器 ・異物檢查機器

八、廠房及設備的衛生管理

設計階段就必須考慮防蟲防鼠措施，舊的食品工廠也需加以改造以符合GMP硬體衛生標準，以建立HACCP食品工廠是最高指導原則。

1. 廠房四周環境

(1) 工廠周邊環境（從社產地點選擇開始：地勢高、地質、水質、排水是否與汙染危險處所相鄰）。

(2) 光源：照明種種、位置。

(3) 廠房四周鋪設緩衝帶（高4公分、寬1公尺以上）。

(4) 綠地離廠房10公尺以上，選擇耐蟲性樹種。

(5) 廠房外壁使用黃色系列。

2. 場所區隔

(1) 管制作業區：清潔作業區、準清潔作業區。

(2) 一般作業區。

(3) 非食品處理區。

3. 出入口，搬出搬進管理：

(1) 人、原材料、廢棄物動線規劃。

(2) 個人衛生（更衣、洗手、鞋子的管理）。

(3) 至清潔區的barrier：前室、雙重門、黑巷、快速捲門、空氣簾、空氣浴（air shower）；雙重門兩門間隔3～5公尺以上；空氣簾交叉重疊5公分以上，底部距離地面3公分以下。

(4) 紗窗、紗門，使用40～60目之不鏽鋼紗網。

(5) 防止夾帶進入：棧板管理室內塑膠棧板代替木製棧板，推高機使用範圍規定，外鄉、原材料等防止夾帶進入。

(6) 出貨口、出貨碼頭及門封之設計：出貨口與車廂入口之遮蔽保護措施。

(7) 逃生口：機械搬入口之間隙防蟲措施。

(8) 電梯、輸送帶不使用時關閉。

4. 光源管理

(1) 照明：照明度（一般100米燭光，工作台面200米燭光，檢查作業500米燭光）。

(2) 捕蟲燈（機種及設置位置）。

(3) 黃色光源、玻璃、黃色簾。

5. 氣流管理：

(1) 供氣、排氣設施：供氣社在較高部位，排氣設在較低部位。

(2) 空氣流向：高清潔區流向低清潔區。

(3) 正壓保持：換氣量20～40次/時、排氣速放0.25～0.5m/sec。

(4) 排氣口防止有害動物入侵，縫隙封閉及壓差管理。

(5) 清潔區可考慮使用高性能過濾器，落菌數：SPC 9公分＊5分鐘，經35℃，48小時培養。

清潔區30以下
準清潔區50以下
一般區500以下

無塵室清潔度分級定義（ISO14644與FED-ST-209E）

ISO class	FED 英制class	微塵粒限制	
		0.1 μm 顆/ft³	0.5 μm 顆/ft³
ISO 9	-	-	-
ISO 8	100,000	-	100,000
ISO 7	10,000	-	10,000
ISO 6	1,000	1000,000	1,000
ISO 5	100	100,000	100
ISO 4	10	10,000	10
ISO 3	1	1,000	1
ISO 2	-	100	-
ISO 1	-	10	-

室外空氣中＞90%數量的分子小於1 μm。

影響過濾數量的因素

(1) 貫穿濾材的風速

(2) 纖維粗細

(3) 濾材填料之密度

(4) 空氣中氣體、灰塵分子大小

(5) 靜電量（灰塵－，纖維＋）

6. 地板、牆壁、天花板、牆角：

(1) 地板材質：耐磨性、耐高低溫、耐衝擊性、耐化學性等及清潔方式；傾斜度：1～2%，如工業用地板UCRETE。

(2) 牆壁、支柱、設備固定座與地面之接觸處R角（3公分×3公分），窗台45°傾斜。

(3) 地板保持乾燥，有排水滴水處以水盤及排管引致排水溝，而清洗機械及地板之排水，則以開放式淺溝來排水。

(4) 牆壁材質、蒸氣結露防止對策及防霉油漆。

(5) 牆壁貫通口之間隙封閉。

(6) 天花板材質，結露防止，貫通口間隙封閉。

(7) 電器管線、空氣管線、水管、及衛生管線集中設置於牆邊專用管架（可分層由上而下排列）或設置於天花板內側，即隱藏於天花板內。

7. 排水設施

(1) 排水溝溝側與底面成R角。

(2) 排水口須設過濾欄柵並防止逆流或設置水封。

(3) 排水方向由清潔區→準清潔區→一般區；溝道斜坡2/100～4/100cm。

8. 機械設備：

(1) 材質標準（尤其是食品接觸面），設置CIP自動機械清洗，或容易分解清洗。

(2) 衛生管線之設計基準：

①水平管線須有3/100之傾斜，並向流出口傾斜。

②應避免死端之設計（Dead End）。

③容易分解、清洗、預備殺菌之衛生設計。

(3) 輸送帶之材質、形式。

9. 其他：

(1) 工程施工改造時必須隔離，以防護鄰近生產線被汙染。

(2) 溫度管理（空調）。

(3) 防霉對策（壁材、防霉素、蒸汽、水管理、空調、除濕等）。

九、衛生管理者的職責

1. 工廠衛生應有專人負責，其職位應與工廠主任平行，規模較小的工廠可由品質管制部門兼任。其職責應包括：
   ①確立衛生標準，包括環境、廠房設備、人員、用水、廢棄物處理、原料及成品倉庫等。
   ②訂定維持上述各種標準的程序
   ③從衛生觀點協助廠房之建設及保養。
   ④督導廠房及設備之清潔。
   ⑤蚊蠅鼠害之防制。
   ⑥用水處理與管制。
   ⑦廢水廢棄物之處理。
   ⑧環境衛生計畫推行時，有關人員之訓練。
   ⑨衛生檢查之記錄及報告。
2. 工作的成效，直接與最高管理人所表現出的關心程度有關。衛生工作措施要：
   ①完善、有效。
   ②主管支持，大家觀念正確。
3. 成功的業者，一直是在符合，甚至是超越政府要求的衛生標準生產的。投資在衛生設施可使：
   ①產品品質上升。
   ②消費者接受性高。
   ③從業員生產力提高。
4. 良好的衛生作業措施（GSP）為一項防禦措施，危害未變成嚴重問題前，先處理，甚至消弭，此結果很難以金錢衡量。
5. 在食品工廠衛生、所有員工都有責任，各不同階層管理人員共同負擔的設計與執行工作，制定政策及督察工作則為高層主管之職責。

※目標

1. 公司對每一項產品應有目標（goal），此目標可以從採購加工以及運銷的規格來設定。
2. 規格（specification）是由主管、作業員、以及消費者之間相互認同的尺度。

十、法令與制度

我國食品行政管理有關機關，在中央由行政院衛福部，在地方由衛生局負責督導。其有關機關及執掌如下頁圖：

（一）衛福部

1. 食品衛生管理法
2. 食品衛生管理法施行細則
3. 食品衛生標準：

 ①乳品衛生標準

 ②蛋類衛生標準

 ③魚蝦類衛生標準

（二）經濟部

1. 食品工廠建築及設備之設置標準
2. 食品工廠之良好作業規範GMP
3. 低酸性罐頭殺菌規範
4. 商品標示法
5. 中國國家標準CAS

（三）行政院農業委員會：負責有關農畜水產品的原料生產，推動CAS。

（四）地方政府規定

（五）工廠自訂支各種作業規範或標準

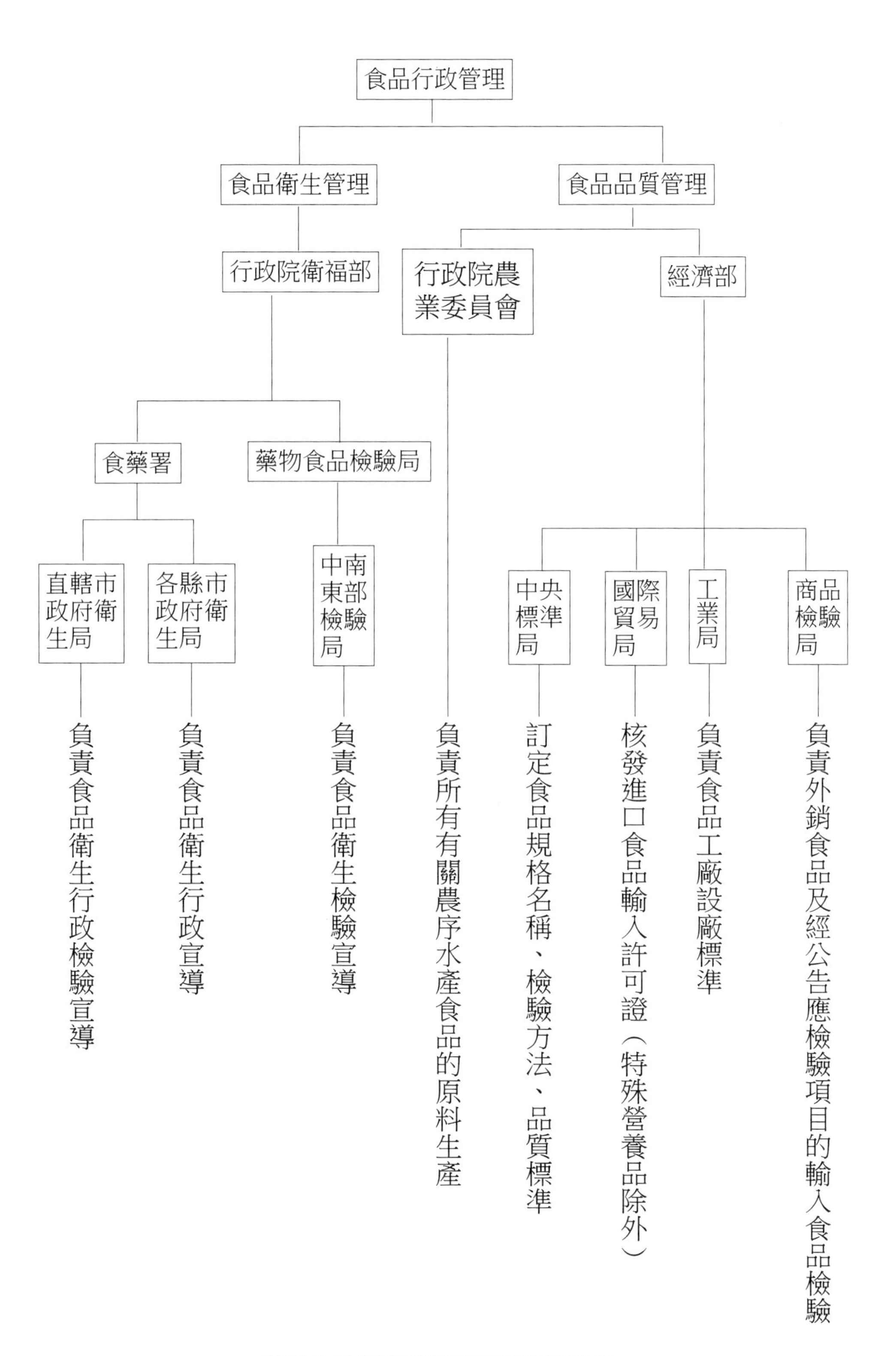

我國食品行政管理有關機關及執掌

第五節　食品業規範

一、台灣優良食品發展協會TQF

自2011年起塑化劑、食用油、餿水油等食安風暴不斷，都有GMP認證產品的業者牽涉其中，食安醜聞重創GMP形象，引起民眾質疑標章的公信力。，故2015年由經濟部工業局廢止「食品GMP推行方案」，正式宣告陪伴台灣人26年的「微笑標章」完全走入歷史。正式移轉給民間「台灣優良食品發展協會」（Taiwan Quality Food Association，簡稱TQF協會）。納入消保、通路團體，並祭出追蹤追溯、加強稽核、取得國際組織認同等措施，希望重建國人對「老字號」微笑標章的信心。其標章如下，左圖為舊制GMP圖形，右為新制TQF標章。

台灣優良食品發展協會，為台灣一個社團法人組織，負責中華民國食品安全品質驗證方案之管理與推動食品產業自主管理。新版標章僅有外框及英文名稱改變，主視覺不變，往後民眾仍可依「笑臉」選擇有掛保證的食品。

以往GMP（Good Manufacturing Practice）舊制以生產線為基準認定，是一種特別注重製造過程中產品品質與衛生安全的自主性管理制度。因用在食品管理，所以稱作食品GMP。領有認證標章者共400餘條生產線、隸屬235至245家廠商，現在TQF標章則須全廠同類產品全數認證才能取得標章。

TQF會員從原本食品製造業擴增通路業者、原物料供應業者及消費者團體；管理內容上，TQF比GMP更強調源頭管理及品質履歷，如增列每年2次無預警追蹤管理，也特別採用全國認證基金會（TAF）為第三方驗證機構的獨立與公開性作把關。

食品GMP全稱「食品良好作業規範」，為廠商自願性參加的驗證制度，曾經是政府大力宣傳的品質保證標章，但是但TQF與GMP有何差異？以下三點：

1. GMP「一項產品認證，全部貼標」；TQF：同類產品都需認證才算數

由於過去GMP是採單項生產線、單項產品驗證，卻有心存僥倖的業者不顧GMP規定，在工廠園區、運配車上掛滿大大的「微笑標章」，讓下游廠商、消費者誤以為所有產品都符合GMP規範。

像2014年爆出餿水油的公司，只有12項產品有GMP認證，但出問題是其公司的香豬油，卻因是同公司出品，讓人質疑公司其他產品，甚至整個GMP制度是否可以相信？

面對這樣的疏漏，TQF已改為「同類產品須全部認證」，也就是未來食品廠若要申請TQF，必須所有同類產品都經過認證，不再讓業者有「一張認證、全廠通用」的模糊空間。

不過GMP會放低門檻，是有歷史背景的，在20多年前，並沒有相關認證制度，為鼓勵食品廠參加，才開放以各生產線為標的申請；只是時空變遷，當年中小型廠多已成長為大公司，

2. GMP只管廠內原料環境不追原料來源，TQF需做原料溯源

過去GMP的準則，是要求食品廠針對廠內原料、作業人員、生產環境及方法等符合相關規定，「像麵粉，只要保存良好、看起來、聞起來符合衛生標準，就會拿來使用。」

但因為像餿水油事件，其賣給下游5家業者製成具GMP標章的產品，不只重創GMP公信力，也凸顯GMP的弱點；因此轉型的TQF也會要求申請廠商要掌握原料來源、製作環節，並進行檢驗，做好追蹤追溯的工作。

3. GMP稽查頻率不彰；TQF：增強稽查次數

就像浮濫使用標章一樣，即便存在公約，無人稽查就會「姑息」僥倖業者，一旦業者出事，將嚴重衝擊制度公信力。

因此轉型的TQF每年都會進行一次預警性稽查、一次無預警稽查，確保業者按照準則及提報的資料執行，目前驗證單位仍委託食品工業研究所、中華穀類食品工業技術研究所進行。

而從GMP到TQF，還多增加消費者團體，並試著導入「全球食品安全倡議（GFSI）」的食安管理系統，在美、澳、日、韓等國都有在使用，因此通過TQF的台灣業者也能享有國際水平。

二、優良農產品

1. 緣由

優良農產品標誌CAS係由行政院農業委員會於民國78年度籌畫而成。民國78年5月20日行政院農業委員公告「行政院農業委推行優良農產品標誌作業要點」後開始實施。目前已有「優良肉品」、「優良冷凍食品」及「鄉間小路優良國產果蔬汁」等獲准與CAS標誌合用。如下圖：

輔導：行政院農業委員會　行政院衛生署

執行：台灣區肉品發展基金會

優良冷凍食品標誌

2. 定義

CAS係取Chinese Agriculture Standand 三個英文字首，中文為中國農產品標準。以國產農、林、水、畜產品為主要原料之加工產品為對象。

3. 主要目的

(1) 提升國產農產品及農產加工品質。

(2) 協助消費者辨認產品品質。

(3) 維護生產者及消費者的共同權益。

4. CAS優良農產品標誌作業程序

(1) 推行體系

由行政院農業委員會、行政院衛生署、台灣省政府農林廳、技術委員會及執行機關的CAS優良食品標誌工作小組組成的。

(2) 申請與審查流程

CAS優良食品標誌係採「認證制度」，由符合規定之農民團體或食品製造業者自願參加，向執行機關提出申請，其認證程序如下：

申請 → 資格審查 → 現場評核 → 產品抽驗 → 認定 → 簽約、授證使用 → 追蹤管理

(3) CAS優良農產品目前申請認證的類別共有11大類別：

1.肉品　2.冷凍食品　3.果蔬汁
4.良質米　5.蜜餞　6.米飯調製品
7. 冷藏調理食品　8.生鮮食用菇類
9.釀造食品　10.點心類　11.生鮮蛋類

第六節　HACCP

一、HACCP系統由來

系統全名：Hazard Analysis Critical Control Point

1. 1959年 Pillsbury公司發展太空食品防止汙染，以免影響保存性，食品衛生管制系統之開發極為迫切。
2. 1960年 美國太空總署、陸軍及Pillsbury公司共同發展。
3. 1971年 美國全國食品保健會議（National Conference on Food Protection）（APHA, 1972）中正式提出此觀念大綱。
4. 1972年 完成HACCP完成觀念大綱。
5. 1973年 應用於低酸性罐頭食品安全性之控制。
6. 1980年初，部分公司接受HACCP，並建立自己的法則。
7. 1985年 HACCP才被重視，並廣泛應用於食品工業。
8. 1994年 FDA公布實施，水產品HACCP安全管制草案。
9. 1995年 12月14日前歐聯國家食品業者全面引進HACCP系統管理原則，便利進而推動ISO 9000品保系列制度。
10. 1995年透過修法導入HACCP制度，綜合衛生製造過程承認制度。
11. 1996年美國柯林頓總統宣布新食品安全檢驗規定，USDA公告禽畜肉品屠宰及加工未來依規定大小強制實施HACCP制度，其最終法案於7月18日確定。

二、目前HACCP利用情況

為目前仍之有效之食品危害管制方法，專業機構極推薦優於傳統的微生物控制方法。

將重點集中在控制與食品有直接影響的因素上，包括從原料至消費者，每個重要管制點。美國農業部、FDA等大力推廣，台灣有關單位亦同。

主要在防止問題產品的產生，及達到徹底解決問題之目的：

1. 安全的食品。
2. 衛生的食品與工廠。
3. 完全得經濟效益。

三、系統定義

HACCP之優於傳統的微生物控制方法，乃在於它不仰賴傳統式的稽查（inspection）方法與最終產品檢驗等局部性且被動的管制，而是系統化地將重點集中在控制與食品安全有直接影響的因素上。此控制系統包括從原料開始至消費者手中的每個重點管制，它能使食品公司有效地利用其資源於危害管制上。

所以HACCP主要在防止問題產品之發生，以及達到徹底解決之目的。定位於能找出產品與生產過程之主要危害點，並給予防止、監控及記錄的良好品管制度，並考慮到萬一產品有問題時，應如何回收，以減少可能的傷害。

（一）定義

自HACCP觀念被提出後至今已有二十多年，這其間經過一些演進使各方專家對HACCP系統之細節及相關名詞定義漸漸有一些共識。一般而言，HACCP分為兩部分：危害分析（Hazard Analysis）及重點管制（Critical Control Point）。

1. HACCP：為一鑑定危害且含有預防方法以控制這些危害之系統。
2. 危害（hazard）：病原菌或腐敗菌造成不可容許的汙染或生長，或微生物代謝物於食品中生成或存留。
3. 危害分析：就整個生產過程中予以分析鑑定可能造成上述汙染物的原料、加工及運銷過程，並評估危害的機會，即危險性（risk）。
3. 重點管制（critical control point, CCP）：任何可能的場所、操作、步驟或成品處理，在這些地方若予以管制，則可明顯地降低去除危害。

4. 控制界限（critical limit）：為重要控制點（CCP）上，為確保控制危害，其預防措施需達到的標準。
5. 監測（monitor）：執行預定計畫之觀察或測試以評估CCP是否在控制之下。
6. 矯正措施（corrective action）：當監測結果顯示CCP失控時，所應採取的措施。

（二）優點

1. HACCP系統著重製程管理，強調事前監控重於事後檢驗。
2. 展望HACCP系統於食品工業之應用能延伸至配料生產販售之源頭管理及過期、瑕疵品之處置及流通管理。

四、HACCP系統組成要素

（一）HACCP系統七大原理

1. 分析危害因素及評估危害之嚴重性與發生機率。
2. 決定重要管制點。
3. 建立每一重要管制點之管制錯失與管制界限。
4. 建立每一重要管制點的監視系統。
5. 建立異常的補助措施。
6. 建立確認HACCP系統之方法。
7. 建立適切的紀錄及文書檔案。

（二）HACCP計畫建立十二步驟

成立訂定HACCP計畫之工作小組

↓

描述產品及其流通方式

↓

確定產品之消費對象

↓

建立製造流程圖

↓

進行危害分析

1. 鑑定出製程中可能發生危害之步驟 2. 列出該步驟之所有危害 3. 列出控制危害之防患措施		
1.步驟	2.可能之危害	3.防患措施

運用CCP決定樹判定是否為CCP或其類別

↓

建立每一CCP之目標界線及管制界線

↓

建立每一CCP之監視系統

↓

建立異常之矯正措施

↓

確認HACCP系統

↓

建立適切之記錄及文書檔案

五、危害分析重點控制系統之建立

茲將建立HACCP系統之步驟以及七大要素之應用解釋於下。

1. 決策層級之決心與承諾，並成立HACCP小組

實施HACCP 控制系統並非口號、趕時尚、或一朝一夕即可成就之事，而是需有上級主管之堅定信念始得持之以恆發揮功效。同時應指定負責人即成立HACCP小組負責HACCP系統之建立及推動。此小組之成員不應只來自品管部門而是由該產品及製程相關之各部門代表所組成，例如包括工程、生產、衛生管理、食品微生物等人員；尤其是應有製造現場之工作人員，因其較清楚現場作業之各種變異與限制，而且是未來真 正落實HACCP控制之人。HACCP小組之成員在開始建立HACCP系統前，應先經過HACCP訓練。HACCP小組可界駐外來之顧問來建立HACCP系統，但不應完全依賴外來專家，因此建立之HACCP系統可能不完全且不切實際。

2. 描述產品以及貯運方法

每個產品應個別建立HACCP系統。HACCP小組必須先充分描述該產品，包括成分、配方等。另外亦應描述產品之貯運方式是冷凍、冷藏或常溫，同時也應考慮在貯運中及消費者手上溫度受虐（temperature abuse）之可能性。

3. 確定該產品預定之用法用途以及消費對象

此應基於消費者之正常使用情形。消費對象有如：一般大眾或特定消費群（如：老人、嬰兒、病人等）。

4. 建立加工流程圖

HACCP小組應負責構建製造流程圖力求正確清楚。HACCP小組將利用此圖進行後續步驟。此圖至少納入該場所可掌握的步驟，另外亦可包含進入該廠前以及出了該廠所無法掌控的流程以供參考。為求簡單明瞭，流程最好以文字表之，而不要使用工程符號。

5. 現場確認製造流程

將流程圖與現場作業相互對照，以確認其正確性及完整性，有缺失時應加以修正。

6. 進行危害分析（第一要素）

列出此製程中顯著危害可能發生的步驟，以及描述其可使用的預防控制方法。

HACCP小組根據正確的流程圖，列出顯著危害可能產生的加工步驟。可成為顯著危害者必須是此危害之預防、減量或完全除滅是達到產品安全所必須的。對可能產生危害之際，HACCP小組必須考慮可使用之預防方法。有十一個危害需有一個以上之預防方法來控制，有時一個預防方法則可控制一個以上的危害。

在作危害分析時，可藉設想一些問題以及根據這些問題所尋找之答案來判斷危害種類及危害發生之可能性及其嚴重性。評估危害發生之可能性通常靠經驗，流行病資料、文獻資料等。而危害之嚴重乃只危害造成人體健康或性命危害之嚴重程度。

HACCP小組應決定哪些危害是顯著的或是有意義的，且應於HACCP計畫中予以處理的。在做這些決定時，HACCP小組內可能會有一些爭辯或不同意見，甚至在專家之間對危害的危險性（即發生之可能性）都會有不同看法。但經充分討論，且參考專家提供之意見後，應可做出決定。

在作危害分析時，應將安全考量與品質考量清楚劃分。目前一般的看法是HACCP記畫應只考量安全方面，但對品質方面之控制亦可用HACCP之原則，只是名稱不宜稱做HACCP。

完成危害分析時，每個加工步驟可能出現之顯著危害與控制危害的方法一起列出而作成表如下：

步驟	危害鑑定	預防（控制）方法
蒸著	腸內病原菌	充分煮熟以殺滅腸內病原菌

7. 製程中CCP之判定（第二要素）

一個CCP（重要管制點）乃指一個點、步驟、或程序，若施以控制，則可預防、去除或減低食品安全危害至可接受之程度。所有HACCP小組在做危害分析時所鑑定出之顯著危害均應判定出適當的CCP來控制。

HACCP小組在判定CCP實可利用前面危害分析時所得的資料以及判定樹的運用來幫助製程CCP之判定。根據FAO／WHO（1993）所建議之CCP判定樹其結構如下頁圖。

若某步驟之危害必須控制而卻不存在控制方法，則應變更流程，否則就不應該生產該產品。CCP是位於必須將危害預防去除，或降減至可接受量的地方。常見的CCP有：烹煮、熱存、冷卻、冷藏、內包裝、酸化等。同樣一種食品在不同工廠或廠房生產製造，不見得會有一樣的危害發生率及一樣的CCP。這可以是由於不同的配置、設備、原料或製程而導致的。固然產品之HACCP模式計畫可做參考，但在建立工廠自己的HACCP計畫時務必依自己特有的情況考量來建立適合自廠使用的HACCP計畫。除了CCP外，其他有關非安全方面的問題，可以CP（控制點）來控制。但美國國家食品微生物標諮詢委員會（NACMCF）不建議將此例列入計畫中。

8. 建立每個CCP預防方法的控制界限（critical limits）（第三要素）

控制界限只為達到控制CCP所必須符合的控制標準。有的CCP可能存在一個以上的控制預防方法，每個預防方法接應建立其控制界限，例如：溫度、時間、大小、濕度、水分、水活性、可滴定酸、鹽濃度、有效氯、稠度、防腐劑、氣味、質地、外觀等皆應有其必須達到的標準。這些控制界限的建立有的可參考法規標準或指引、文獻資料、專家建議或設計實驗來探討訂定。業者應請適任的專家驗證其所建立之控制界限確實可控制所鑑定之危害。

以酸化飲料為例說明。酸化飲料製程之加酸步驟為一CCP；若酸料添加不夠，則產品可能變成加熱不足，且可導致產孢病原菌之生長。此CCP之預防指施為加酸降低pH，控制界限為pH不高於4.6。但在某些情況下，由於加工之變異，可能需要設定目標界限（target level）以確保符合控制界限（critical limit）。例如烘烤加熱為一危害預防措施，其控制界限為產品之中心溫度需達至71℃時之溫度變異為±3℃，則烤箱溫度之目標界限應比74℃（71＋3）高，以使產品受熱至少在70℃以上。

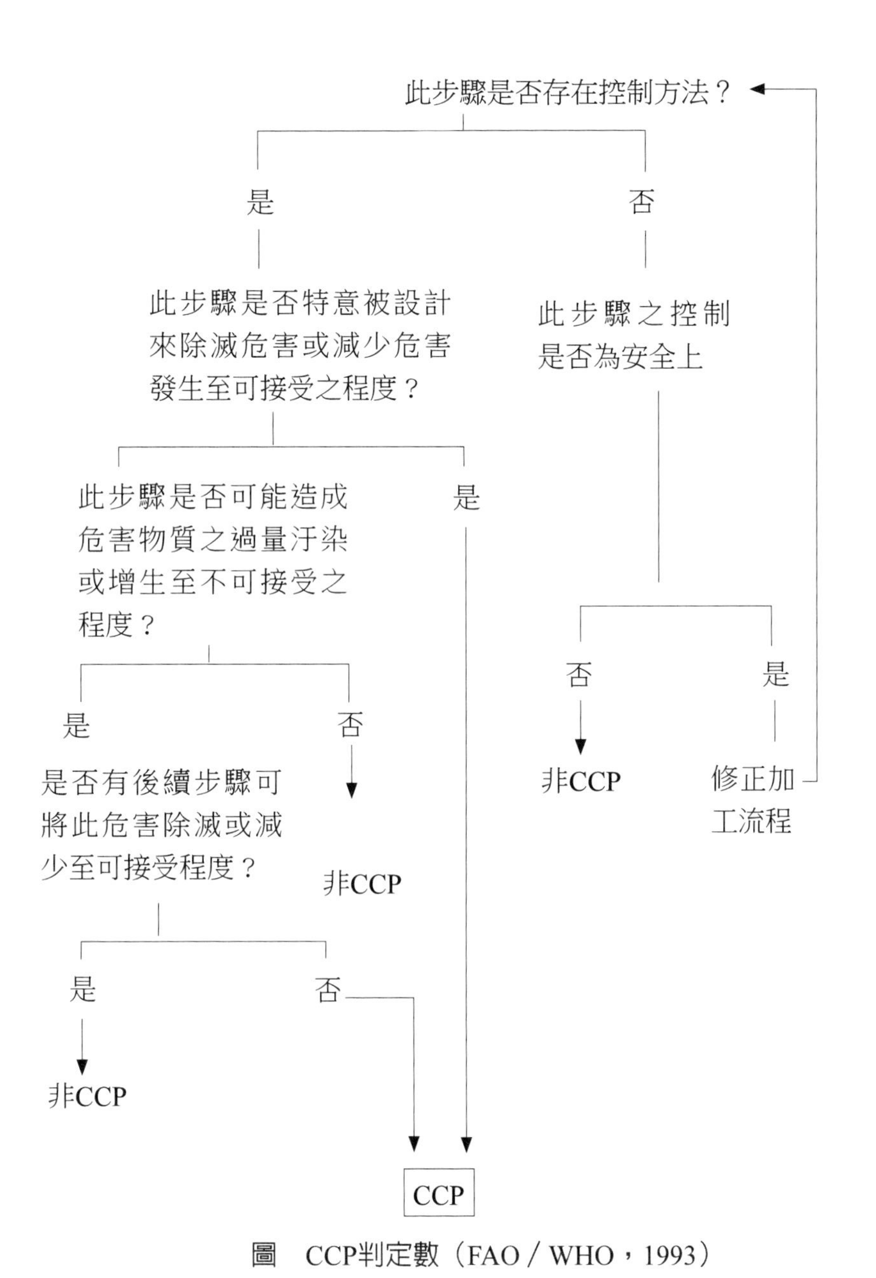

圖　CCP判定數（FAO／WHO，1993）

茲再舉一例說明控制界限之設定。牛肉餅的烹煮為一CCP，其控制界限可為：

肉餅中心最低溫度：（例）63℃

烤箱溫度：　　℃

時間：　分（或輸送帶速度：　rpm）

肉餅厚度：　公分

肉餅成分：（例）全牛肉

烤箱濕度：　%RH

此烹煮步驟主要來殺滅長存在牛肉餅內之營養細胞病原菌。可影響殺菌效果的因素如：時間、溫度、肉餅厚度等皆應設定控制界限。而此控制界限之建立亦應收集牛肉餅中最可能含菌量之正確資料以及其耐熱資料。

9. 建立方法來監測每個CCP以確保CCP維持在控制之下（第四要素）

監測（monitoring）乃唯有計畫的觀察及量測CCP之控制是否符合控制界限，並且作成準確的控制記錄以做為確認之用。監測事實上是有三層功用。首先，監測可得知一個CCP正走向失控的趨勢，而使能於真正偏離發生前給予調整回歸正常；監測當然應採取矯正措施了；最後，監測提供書面記錄可供確認HACCP計畫之用。

成為一個好的監測方法必須是其監測頻率為100%連續式監測，而且監測結果立即顯示。但很多情況下，監測無法全部都如此完美。在非連續式監測下，其監測頻率應足以確保能即時發現失控。監測方法一般有觀察、官能檢查、物理、化學，以及微生物檢驗方法。觀察及官能檢查雖看起來簡單，但卻是常用且有效的方法；但應注意實施時亦需先事先計畫，並非一般巡視或走馬看花。物理與化學方法通常較客觀，且快速，適合連續式監測；例如低酸性罐頭之殺菌時間與溫度之記錄則為連續式的物理方式，而酸化食品汁pH量測則為化學方法。微生物檢驗方法較費時，即使快速檢定方法亦常需數小時，對講求時效的監測目的，實非為一有效的監測方法。只有兩種情形下，微生物檢測為可用的方法。一種是原料未知其生產製造之品管情形，且原料可予貯存以等待檢驗結果，一種是產品之對象為體弱者（如：嬰兒、老人、病人等）。

實施監測之責任通常是賦予特定之生產線上人員，或品管人員。這些人員必須訓練其監測技術，了解監測目的與重要性，並公正執行監測及準確報告監測結果。負有監測任務之員工見及異常現象或已偏離控制界限時，應立即報告使能即時調整或採取矯正措施。執行監測人員及檢閱監測結果之幹部皆應於監測結果上簽名，以示負責。

10. 建立CCP失控時之矯正措施（第五要素）

HACCP系統雖是設計來預防所鑑定出之危害不會發生，但並不是在執行時是這麼理想完美無缺。有時會因不可預知的原因而使CCP之控制發生偏離。故應事先建立矯正措施計畫使能於偏離控制界限時用來決定不合格產品之處理，矯正偏離原因以確保CCP在控制之下，記錄所採取的各種矯正行動。由於不同食品汁製造有其不同之CCP，而且偏離又可能不同，故應對每個CCP建立其個別之矯正措施。所採取的矯正措施需足以使CCP回復至控制之下。負責採取矯正之人員必須對該製程、產品及HACCP計畫中予以書面化。

在FAO／WHO之指引中，矯正措施包括了CCP未失控前，但已有失控趨勢時所採取的步驟，以及CCP已真正偏離控制界限時所採取之動作；而美國NACNCF指引中則將前者歸於監測中，而只將後者歸於矯正措施中。建議按照AFO／WHO之指引。故矯正措施亦包括了CCP未失控前之及時矯正。而當偏離真正發生時，工廠應滯留產品等待完成矯正措施及分析。若需要，則可諮詢食品安全專家或衛生主管來決定是否需其他檢測及產品處理方法。

發生偏離之批次及所採取之矯正行動必須予以記錄於HACCP紀錄中，並保存至產品架售期再一段合理的時間。

11. 建立HACCP系統實施情形之書面記錄檔案（第六要素）

所建立之HACCP計畫及相關紀錄必須存檔於工廠內。通常這些紀錄將包括：

(1) HACCP計畫書

①HACCP小組成員及職責

②產品描述及預定用途

③標示有CCP之完整製造流程圖

④與每個CCP相關的危害及其預防措施

⑤控制界限

⑥監測系統

⑦控制界限偏離時或防止其偏離之矯正措施

⑧記錄程序

⑨HACCP系統之確認程序

上述④至⑨項可予以表格化

加工步驟	危害	CCP	預防措施及控制界限	監測方法	矯正措施	記錄	確認

(2) HACCP計畫運作之記錄

以下為HACCP實施記錄之舉例

①原料

a.供應商符合規格證明

b.業者對供應商之稽核紀錄

c.溫度敏感原料之貯存溫度紀錄

d.有限壽命原料之貯存時間紀錄

②產品安全資料

a.食品中障礙系統對安全確保效果的數據與紀錄。

b.決定產品安全架售之數據與紀錄，如果產品之貯存時間可影響安全者。

c.殺菌專家所提供之加工製成適切性之資料。

③加工製程

a.所有監測CCP之紀錄

b.確認製程持續性適切性之紀錄

④包裝

a.材質規格符合紀錄

b.封合規格符合紀錄

⑤貯存與運送

a.溫度紀錄

b.有紀錄顯示未有溫度敏感產品於架售期後仍出運之情形

⑥偏離及矯正措施紀錄

⑦HACCP修正、驗效（validation），及核准修正之紀錄

⑧員工訓練紀錄

12. 建立確認步驟以證實HACCP運作正確（第七要素）

確認（verification）主要是以事後的角度，不需立即時效的方法收集輔助性的資料數據以印證HACCP計畫是否實施得當。下列四項工作為確認活動的主要範圍。

(1) 用科學的方法確認CCP之控制界限令人滿意。這是較複雜的工作，需各相關領域的專業人員精心參與探討分析。此工作包括對所有控制界限的檢討來確認這些控制標準足以控制可能發生的危害。

(2) 確認工廠HACCP計畫有效運作。一個有效運作的HACCP系統事實上不太需要抽樣檢驗產品，因為適當的防衛措施已建立於整個系統中。與其依賴終產品之抽樣檢驗，公司不如經常檢討其HACCP計畫，確認其HACCP計畫在徹底實施中，審閱CCP記錄，以及確認CCP失控時採取了適當的矯正措施，做了正確的危害管理判斷。

(3) 在其他稽查或確認工作之外，應定期做再驗效（revalidation）工作並記錄之，以確保HACCP計畫之正確。再驗效之工作乃由HACCP小組定期執行及當製程、包裝或產品有所改變時，使得HACCP計畫需修正時，亦應行再驗效。再驗效工作包括現場重閱並確認所有HACCP計畫中之流程圖與 CCP之正確性。必要時HACCP小組應修改HACCP計畫。

(4) 外部對工廠HACCP實施情形之稽核（如政府機構）以確保工廠HACCP實施狀況令人滿意。

六、HACCP的應用實例

1. 冷凍食品之危害因素分析

	危害因素
(1)蔬果種植	農藥、重金屬、腸道性細菌汙染
(2)水產養殖作業	藻類毒素—Saxitoxin, Dinophysis
(3)畜體屠宰作業	沙門氏菌、大腸桿菌汙染
(4)水畜產動物	針頭、魚刺、疾病、鮮度
(5)加工調理作業	溫度—時間，與食品接觸之機械及器具表面之清潔度，工作人員之衛生，作業環境之衛生，調理用水，化學藥劑殘留，異物與病媒。
(6)包裝作業	內包裝容器之衛生與安全，包裝人員之衛生，作業環境之衛生，溫度與時間。
(7)凍藏、運輸與銷售	溫度—時間，包裝容器之完整

HACCP作業步驟：

測出食品鏈中原料、加工設備及環境、產品銷售管道及消費者可能不正確食用等，可能影響安全與品質之潛在的危害因素，分析及評估危害嚴重性。

危害之定義為有不能接受的食物中毒或腐敗微生物汙染，生長或存活；或有不能接受的微生物代謝物（例如毒素、酵素、生物胺）產生或存在。

2. 冷凍調理食品加工流程之主要管制點實例

冷凍雞塊之製程及其主要管制之判定：

A 裹漿材料 →B 混合 →A 冷藏雞胸肉 →C 成型 →C 裹漿 →C 裹麵包粉 →C 油炸 →C 冷卻 →D 冷凍 → 金屬檢測 →E 包裝 → 凍藏

原料之危害等級

(1) 雞胸肉：第5級（大腸桿菌、沙門氏菌）

(2) 裹 漿：第5級（沙門氏菌）

(3) 麵包粉：第2級

(4) 調味料：第2級

主要管制點：

(1) 原料之管制與儲藏溫度與環境。

(2) 設備與人員之衛生管制。

(3) 設備與人員之衛生管制以及時間—溫度管理。

(4) 設備與人員之衛生管制以及冷凍作業前之滯留時間。

(5) 設備與人員之衛生管制以及時間—溫度管理以及空氣落菌數控制。

3. Tetra Pak包裝牛乳之HACCP系統

流程	危害分析	管制	監控	確認
生乳	長時間貯存會有低溫菌的生長，產生耐熱性酵素，無法藉UHT加熱抑制活性，影響成品品質	貯存之生乳需保持在7℃以下。建立在貯存溫度之最長期限。不可供殺菌乳使用建立清洗、消毒時間表	測量並記錄貯存溫度。目視檢查是否清洗消毒乾淨	
清淨	去除體細胞和殘渣			
均質	滅菌前均質者，非CCP			
滅菌	微生物殘存，設備清洗不乾淨、殺菌體有針孔或裂縫等殺菌後汙染	壓力、溫度和流速是UHT加工最重要的控制點。分流閥正常運作使用前先經140℃、30分鐘之熱處理	應測量並記錄溫度、流速和壓力。檢查FDV是否正常。定期拆卸目視檢查	主溫度計要定時校正
均質	滅菌後均質者，均質機需維持無菌性，以避免後汙染	設備之設計要避免汙染		
冷卻	如有裂縫會造成後汙染	加工前先滅菌	定期拆卸檢視採用特殊染料還原試驗	
充填和無菌包裝	空氣、水、包裝材料等，如未有效處理，會致成品受汙染	與其他區域隔離，充填空間並應保持正壓以減少汙染。與產品接觸之水、空氣及包裝容器等均需滅菌	經清洗後檢查表面和封合頭的乾淨程度	包裝容器滅菌效果可以挑戰試驗確認。封合完整性可以染色試驗確認。整個作業之無菌性以成品保溫確認

資料來源：食品產業透析，第2卷第3期，P11

4. 冷藏的真空調理肉製品之HACCP系統

流程	危害分析	管制	監控	確認
原料肉	腐敗／病原性細菌的存在，如沙門氏菌、李斯特菌和肉毒桿菌	肉之乾淨度	目視檢查：如肉變色或變味，進行微生物分析	
原料肉貯存	腐敗／病原菌之生長；原料之交叉汙染	溫度控制 貯存條件之衛生	原料肉溫度之測量；貯存室之溫度及相對濕度；目視檢查貯存溫度	
調配	設備和操作人員的汙染；腐敗／病原菌的生長；充填時間延遲	設備及人員的衛生；溫度控制；預期充填時間延遲時，貯存溫度應為1～2℃	肉品溫度之測量：目視檢查工作環境的乾淨程度，目視檢查作業人員之衛生習慣，加工區域之溫度（10±1℃），產品配方、水活性、pH值之測定	
產品充填充填封合	病原菌的汙染及生長	設備及人員的衛生；溫度控制，包裝、充填和封合作業	目視檢查設備、環境及人員之衛生狀況（10±1℃），包裝帶之完整性，充填量、真空度、封合程度之測量	
產品殺菌及冷卻	產孢及非產孢病原菌的殘存和生長；產品受到腐敗和病原菌的後汙染	殺菌及冷卻之溫度及時間控制，包裝袋的完整性		溫度計之校正；產品之中心溫度
裝箱運輸貯存	殘存病原菌生長；腐敗和病原菌的後汙染	溫度和時間的控制		

資料來源：食品產業透析，第2卷第3期，P12

5. 供餐系統的危害分析管制點

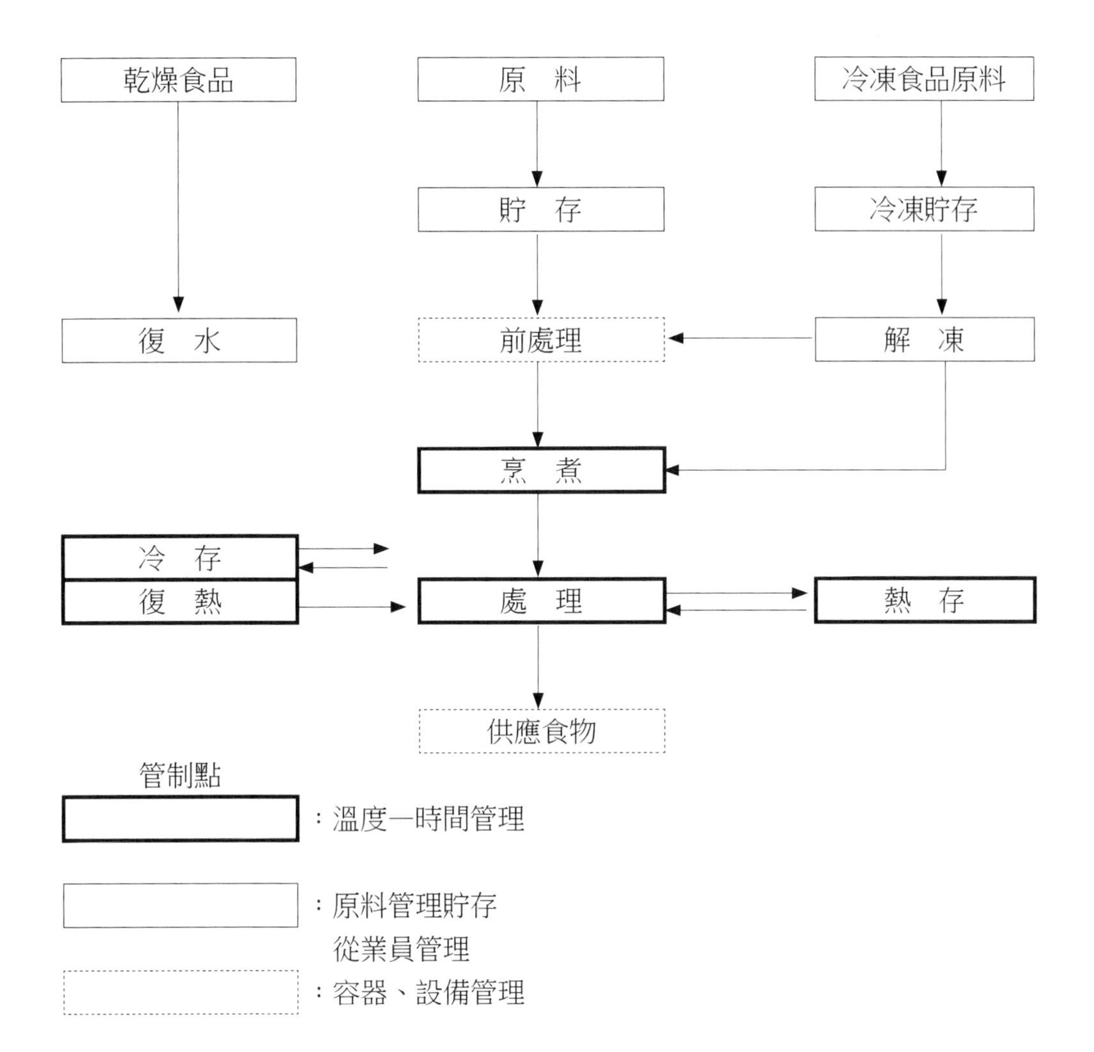

雖然起初HACCP觀念之發展是為了控制加工食品之危害，但後來這個觀念也被廣泛應用在餐飲業的衛生作業上（Bryan, 1990b; Bryan and Bartleson, 1985; Bryan et al.., 1982a, 1982b, 1981; Bobeng and David, 1977）。事實上餐飲業本身的特性使得HACCP之應用更為需要。此因餐飲業有數十至上百種菜單致使食物處理系統更加複雜，工作人員之教育程度與技術訓練亦不具有食品工廠人員要求高。另外餐飲業亦不具有像食品工廠的食品工廠的品質管制實驗室來評估產品的安全性。餐飲業所能靠的就是食品的外觀與氣味來判斷其品質與安全性，這當然非可靠之法。而HACCP乃是注重製程的管制而非產品的檢驗，故欲控制餐飲業之微生物危害，業者比一般食品工廠更須徹底地應用此HACCP之觀念（Snyder）。

表 美國於1973-1982年造成餐飲業660件中毒的主要因素

造成因素	件數	百分比[a]
冷卻不當	366	55.8
食物製備後超過12小時以上才食用	203	30.8
帶菌員工汙染食品	160	24.2
復熱不當	130	19.7
熱存不當	107	16.2
生鮮原料／配料遭受汙染	58	8.8
食物得自不安全的來源	42	6.4
設備器皿清洗不當	38	5.8
交叉汙染	31	4.7
食用剩餘菜餚[b]	31	4.7
烹煮不當	29	4.4
有毒容器／管路	23	3.5
添加物過量（例：味素）	13	2.0
無意添加物	9	1.4
解凍不當	6	0.9
用水汙染	2	0.3
餐具不潔	1	0.2
誤食	1	0.2

a.由於中毒事件常由多種因素共同造成，故百分比總和超過100
b.存放12小時以上

（Bryan, 1988）

第七節　國際標準品質保證

一、簡介

1. ISO：
   國際標準組織（International Organization for Standardization）
2. ISO 9000系列：
   品質管理與品質保證之國際標準1992起，歐洲單一市場實施新的「CE（Community Europeart）標誌」產品認證制度。而歐市品質管理標準（EN 29000系列）即完全採自ISO 9000系列品質保證制度。
3. 於1990年3月，我國將ISO 9000系列轉訂為CNS 12680-12684。

二、ISO 9000系列的特色

1. 實現品質保證的方法
2. 實用文件整理及追蹤
3. 全員參與的活動
4. 國際品質的標準
5. 更有效的經營管理
6. 降低成本之良方
7. 功能不同規模大小不一之廠商均可使用
8. 製造或服務業均適用
9. 配合品質技術及產品或服務之技術規範實施
10. QA部門必須獨立

三、為何要做ISO9000

經濟部檢驗局為使我國內工商產業界對品質管制水準能進一步提升與品質管制制度之建立，強化產品品質在國際市場得競爭力，遂引進「國際標準品質保證制度」並在國內推行，其原因不外下列數端：

1. 1992歐洲單一市場產品標準制度為基本要件。
2. 貿易障礙——美國常以301法案作為貿易談判的籌碼，我國勢必走貿易分散一途。
3. 順應世界潮流，邁向國際化，品質保證與先進國家並駕齊驅，並受先進國家之肯定才可邁入先進國家之林。
4. 提升品質水準——使我國工商業之品質管制制度因ISO品質保證制度之實施而獲得改善，品質保證水準因而提高。
5. 拓展國際水準——使我國日後參與國際間商品檢驗之產品認證與相互認證，更為方便。
6. 配合政府推動CNS標準。
7. 商檢局修訂現行之工廠品保評核制度。

基於上述原因，為使我國經濟成長，實施ISO品質保證制度乃必然之趨勢。

1990年商品檢驗局擬定「國際標準品質保證制度實施辦法」，並奉經濟部核定公布自1991年1月1日起施行。

四、ISO 9000內容

1. ISO 9000品質管理與品質保證標準：選用之指導綱要。
2. ISO 9001品質系統：設計 & 發展、生產、安裝與售後服務之品質保證模式。
3. ISO 9002品質系統：生產與安裝之品質保證模式。
4. ISO 9003品質系統：最終檢驗與測試之品質保證之模式。
5. ISO 9004品質管理與品質系統要領：指導綱要。

五、ISO 9000系列申請認證流程

工廠申請ISO品質保證制度認可登錄之作業，檢驗局已設定一套作業流程，可供申請工廠之遵循。茲將檢驗局所設定之「工廠申請ISO品保制度認可登錄作業流程簡圖」如下：

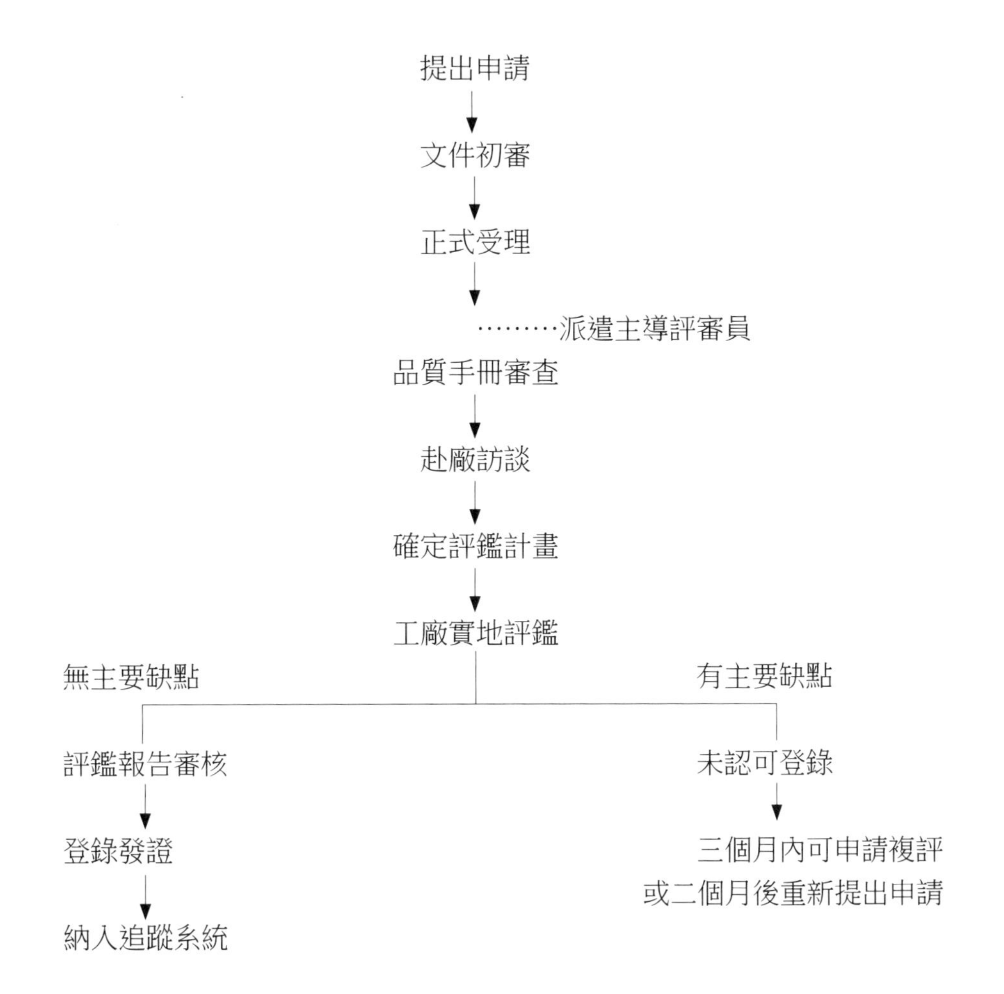

第九章

食品工業發展策略與措施

第一節　多變的食品工業

一、消費的改變

無→有→量→質→潛在需求→感性需求→理性、感性需求。

1. 潛在需求：抓住消費者潛在需求為第一品牌。
2. 感性需求：了解生活舞台、消費舞台。
3. 理性、感性需求：可化解危機。
4. 感性廣告：打動消費者，使消費者印象深刻。

二、通路的改變

傳統市場、雜貨店→超市、便利商店、量販店、專賣店、直銷特販系統

1. 市場區隔：訴求的不同，消費者不同。例如
   ①便利商店——比較不在意品牌的消費者，價格低，所得低。
   ②百貨公司——比較高收入，注重品牌的消費者。
   ③藥房——對醫藥、健康要求高的消費者。
2. 定位的不同：例如，
   ①便利商店24小時服務，消費對象以前是家庭主婦，所以失敗；現消費者為青少年，故成功。
   ②量販店，銷售量大，價錢低。
   ③專賣店，量少，物以稀為貴，訴求對象為有錢人，注重品牌。
   ④比薩店，一通電話就到，可節省店面租金，節省成本。

三、生產的改變

以前的生產流程產品無法一致化，全視師傅經驗而定，如今為工廠生產的標準化、系統化、電腦化。

四、市場的改變

生產（產品）導向→競爭導向→顧客導向→市場導向

1. 產品導向：產品製造出來，一定賣得出去，無競爭可言。如早些時候的精鹽，由台鹽生產，要吃就要向其購買。產品不會求進步。
2. 競爭者導向：即銷售導向，許多廠商生產相同產品，比價、比舖點，對消費者比較有利，對業者而言利潤較低，唯有高品質，合理價格及舖點多才得以生存。
3. 顧客導向：針對特定族群所生產的產品，設定消費對象，產品不用廣設舖點有一定的銷售額，但銷售金額不大。
4. 市場導向：如限量發售之紀念車種，因其數量少，具有增值功能，生產者利潤較高，不用大肆廣告。

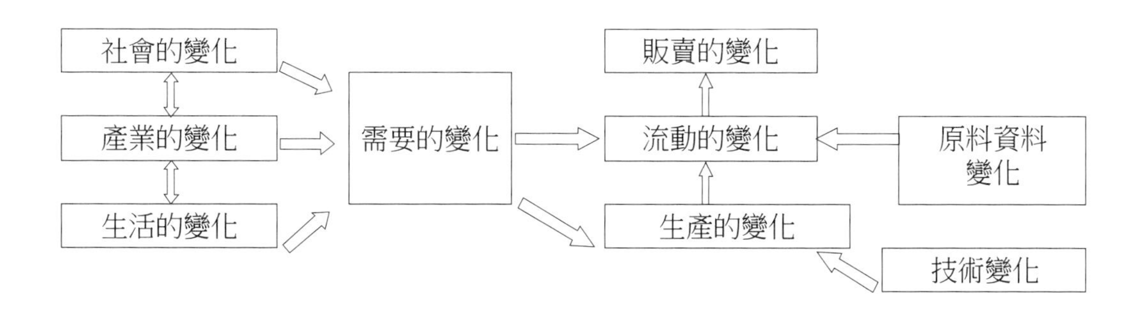

第二節　品質競爭的理論

一、產品競爭

1. 品質競爭的定義

食品廠商對自家產品的品質設定與眾不同，避免與市場上別的廠牌正面競爭，此種產品經營的策略，為一種法則，而非例外，以社會利益觀點來看，理想的競爭模式應是品質的競爭，而非價格的競爭。

2. 廣義的品質含義

食品的口味、營養成分、咬感、外型、材料、設計、服務以及其他性質等均為品質。產品在以上的其中有任何一項品質有明顯的差異，即為產品的區隔，因為滿足需求程度的不同，故在資源經濟性的立場，須同時考慮品質與價格。

二、品質競爭的理論

為迎合某部分的消費者，廠商通常有三種品質競爭的方式：

1. 垂直的品質競爭

任何兩種品質之間的競爭，大部分的購買者均認為其中某一種較佳，而較佳的成本自然較高。

2. 水平式的品質競爭

不同的購買者都各自購買其認為較佳的廠牌貨品，若成本亦有差別則只是巧合。

3. 創新式的品質競爭

大部分的購買者均認為某一品牌的品質已有改變而購買之，額外的成本也許會有，也許不會。

三、品牌的定義

品牌（Brand）是指公司的名稱、產品或服務的一種識別標誌，目前，對於品牌的定義有多種，現列舉如下：

1. 品牌是指一個企業體及其提供的產品或服務的有形和無形的綜合表現，其目的是藉以辨認一個企業體產品或服務，並使之同競爭對手的產品或服務區別開來。
2. 品牌是一種名稱、標記或圖案，或是他們的相互組合，用以識別企業提供給消費者的產品或服務，並使之與競爭對手的產品或服務相區別。（市場營銷專家菲利普．科特勒博士）
3. 「品牌」是企業或品牌主體（也包括城市、個人等）一切無形資產總和的整體濃縮，它是主體與客體，主體與社會，企業與消費者相互作用的產物。

品牌構成公司獨特市場形象，是一個企業的無形資產。由於品牌擁有者可以憑藉品牌的優勢持續獲取利益，因此我們可以看到品牌的價值。這種價值不能像物質資產那樣用實物的形式表示，但它能使企業的無形資產迅速增大。

競爭的加劇使品牌的重要性顯現出來，品牌是品質優異的表現。培育和創造品牌，鞏固原有品牌資產，才能在激烈的競爭中立於不敗之地。

第三節　食品消費趨勢

一、改變生活型態

1. 個食化。
2. 多餐化。
3. 寬裕、浪費及經濟型態之區分與選擇。
4. 手工製作及現成供應之區分與選擇。

二、提高健康意識

1. 減肥（低熱量、低糖）。
2. 低鹽。
3. 維他命、鈣、礦物質。
4. 生理機能及心理氣氛的調節。

三、改變嗜好

1. 由量改為質（鮮度、食感、口味）的追求。
2. 自然、原味導向（不添加香料、防腐劑等）。
3. 由單品改為組合。
4. 年齡層之嗜好差異。

四、重視流行風潮

1. 快樂、有趣、遊戲、美觀。
2. 感覺（設計、色彩、形狀）。
3. 環境（周圍之氣氛、時間帶）。

第四節　未來發展趨勢

一、食品工業技術發展趨勢

1. 生物科技在食品工業之應用。
2. 傳統食品加工現代化。

3. 製程合理化、加工自動化。
4. 減廢與廢物利用。
5. 食品成分分析方法之研究發展。
6. 包裝材質之研究發展。
7. 有害微生物快速檢測方法之開發。
8. 機能食品之研究發展。
9. 速食食品、方便食品、太空食品的開發。

二、未來競爭優勢與機會

1. 競爭力優勢
   (1) 技術能力強，技術人力充沛。
   (2) 周邊產業配合度高，上下游產業垂直整合良好。
   (3) 食品工業屬內需型產業，占地利之便。
   (4) 產業發展歷程長，已培養許多企業家，經營能力強，資金尚稱充裕。
   (5) 政府仍持續提供產業升級輔導措施。
2. 機會
   (1) 國際化、自由化加速進行，市場競爭更為激烈，但進口原料成本亦相對降低，取得亦較容易。
   (2) 由於生活型態即飲食習慣的改變，國內消費者對加工食品需求提高，而且產品訴求更趨向安全衛生、新鮮、方便、多樣化及保健取向，對最接近市場的國內業者較為有利。

三、食品工業未來衰退行業極可能興衰項目

行業名稱	未來成長項目	未來衰退項目
製茶葉	高級茶、袋茶、即飲茶	粗製茶
製糖業	果糖、液糖、寡糖	砂糖
碾穀業	糙米、胚芽米、免過敏米	白米
罐頭食品業	點心罐頭、湯類罐頭	水產罐頭
脫水食品業	調味包用脫水蔬菜	傳統脫水蔬菜
飼料業	寵物飼料、觀賞魚飼料	豬飼料
醃漬食品業	袋裝蜜餞、低糖低鹽產品	傳統蜜餞
味精業	高鮮味精、高湯調味液	傳統味精

四、社會發展趨勢與具發展潛力產品

社會發展趨勢	具發展潛力產品
外食需求增加 生活步調加快	冷凍冷藏食品、全調理或半調理食品、無菌或近似無菌包裝食品、即食餐食
健康意識提高	天然食品、純天然果蔬之飲料、機能性飲料、機能性食品、包裝飲用水
育兒習慣改變	嬰幼兒食品
傳統食品工業化	中式調理食品、中式調味料
人口結構高齡化	特殊營養食品

五、食品工業發展策略與措施

1. 發展策略

(1) 加速產業升級，增進國產食品競爭力。

(2) 強化技術輔導能力，促進食品工業技術升級。

(3) 促進產、製、儲、銷同步發展，建立共同品保體系。

(4) 提升食品品質及製造水準，提高國產食品形象，保障消費權益。

2. 輔導措施

(1) 推廣GMP制度。

(2) 提升產品品質及衛生。

(3) 加強研究發展新產品、新技術。

(4) 推廣及輔導技術升級。

(5) 提高生產自動化。

(6) 協助蒐集市場及技術資訊。

(7) 協助拓展國內外市場。

(8) 加強技術人才培訓。

六、食品工業面臨問題

1. 進口原料管制過嚴

(1) 農業生產條件惡化，致使加工用農產原料供應量少、價高，且進口受限。

(2) 部分原料與半成品之關稅偏高，且稅率結構不合理。

(3) 國外原料農產品價格比國內低廉。

2. 研發不足，產業升級緩慢

(1) 研究發展不足。

(2) 食品資訊體系不健全。

3. 消費品質及衛生意識提高

(1) 消費者品質、衛生安全之要求提高。

(2) 消費型態不斷翻新。

4. 產品國際競爭力衰退

(1) 勞工短缺、工資逐年提高。

(2) 新興食品工業國家之優勢競爭。

5. 產銷環境惡化，產業外移

(1) 環保意識高漲。

(2) 區域經貿體系之形成增加貿易障礙。

(3) 社會及政治變遷，影響投資意願。

(4) 大陸新興市場形成且勞工、土地、原料等低廉又充沛，吸引大量國內廠商前往投資。

6. 加入WTO後市場開放問題

附錄一

食品工廠良好作業規範通則

1. 目的

本規範為食品工廠在製造、包裝及儲運等過程有關人員、建築、設施、設備以及衛生、製程及品質等管理均符合良好環境條件之專業指引，藉以防範在不衛生條件，或可能引起汙染或品質劣化之環境下作業，並減少作業錯誤發生，以確保食品之安全衛生及穩定產品品質。

2. 適用範圍

2.1 本規範適用於從事產製工人消費、並經適當包裝的食品之所有食品工廠。

2.2 工專業食品工廠良好作業規範訂定之依據。

3. 專用名詞定義

3.1 食品：指供人飲食或咀嚼之物品或其原料。

3.2 廠房：指用於食品之製造、包裝、儲存等或與其有關全部或部分之建築或設施。

3.2.1 原料處理場：指執行生鮮或經冷凍或乾燥原料之整備、選別、清洗、剝皮、去殼或撒鹽等處理過程之場所。

3.2.2 調理場：指執行原料之切割、磨碎、混合、調配、整型或烹飪等調理作業之場所。

3.2.3 加工場：指成分萃取、改進食品特性或保存性如提油、澱粉分離、豆沙製造、乳化或牛乳、豆乳之凝固或醱酵，殺菌、冷凍、乾燥等加工處理之場所。

3.2.4 包裝室：指執行食品包裝之場所。

3.3 原材料：指原料及包裝材料。

3.3.1 原料：指成品（可食部分）之構成材料，包括主原料、配料、食品添加物。

3.3.1.1 主原料：指成為製品之主要構成材料。

3.3.1.2 配料：指主原料和食品添加物以外之構成材料。

3.3.1.3 食品添加物：指食品之製造、加工、調配、包裝、運送、儲藏等過程中用已著色、調味、防腐、漂白、乳化、增加香味、安定品質、促進醱酵、增加稠度、增加營養、防止氧化或其他用途而添加或接觸於食品之物質。

3.3.2 包裝材料：指包括內包裝材料及外包裝材料。

3.3.2.1 內包裝材料：指與食品直接接觸之食品容器，如瓶、罐、紙盒、袋子、或食品包裹及覆蓋材料，如箔、膜、金屬、紙、蠟紙等。

3.3.2.2 外包裝材料：指包括標紙、紙箱捆包材料等，直接與食品接觸之內包裝材料以外之包裝材料。

3.4 清洗：指去除塵土、殘屑、汙物或其他可能汙染食品之不良物質之作業。

3.5 消毒：指以符合食品衛生之化學藥劑和物理方法，有效的殺滅有害公共衛生微生物之營養細胞，但不影響食品品質或安全之適當處理。

3.6 食品用清潔劑：指直接使用於清潔食品、食品器具、食品容器及食品包裝之物質。

3.7 外來雜物：指在製程中除原料之外，混入或附著於原料、半成品、成品或內包裝之汙物或令人厭惡，甚至致使食物失去其衛生及安全性之物質。

3.8 有害動物：指會直接或間接汙染食品或傳染疾病之小動物或昆蟲，如老鼠、蟑螂、蚊、蠅、臭蟲、蚤、蝨等。

3.9 有害微生物：指包括造成食品品質劣化或腐敗之酵母、黴菌、細菌及濾過性病原體等（如立克氏寄生菌或原蟲）危害公共衛生之微生物。

3.10 食品接觸面：指直接或間接和食品接觸的表面。食品接觸面包括用具及與食品接觸之設備表面。在此所指間接的食品接觸面，係在正常作業情形下，尤其流出之意體會與食品或食品接觸面接觸之表面。

3.11 適當的：指在符合良好衛生作業下，為完成預定目標所必須的（措施等）。

3.12 安全水分基準：指在預定之製造、儲存及運銷條件下，足以防止有害微生物生存之水分基準。一種食品之最高水分基準係以水活性（Aw）為依據。若有足夠數據證明在某一水活性下，不會助長有害微生物之生長，則此水活性可認為該食品是安全的。

3.13 水活性：係食品中自由水分之表示法，為該食品之水蒸氣壓除以在同溫度下唇水飽和水蒸氣壓所得之商。

3.14 批號：指表示批之特定文字、數字或符號等，可據以追溯每批之經歷資料者，而批則以批號所表示在某一特定場所，所生產之特定數量之產品。

3.15 標示：指標示於食品或食品添加物或食品用清潔劑之容器、包裝或說明書上用以記載品名或說明之文字、圖畫或記號。

4. 廠區環境

4.1 工廠不得設置於易於遭受汙染之區域，否則應有嚴格之食品汙染防治措施。

4.2 廠區四周環境應容易隨時保持清潔，避免成為汙染源。廠區之定應鋪設混泥土、柏油化綠化等，以防塵土飛揚並美化環境。

4.3 鄰近及廠內道路，應鋪設柏油等，以防灰塵造成汙染。

4.4 廠區內不得有足以發生不良氣味，有害（毒）氣體，煤煙或其他有礙衛生情形之設施。

4.5 廠區內禁止飼養禽、畜。

4.6 廠區應有適當的排水系統，不得有積水情形發生，且不可有因滲透、泥濘、髒汙或有害動物或微生物滋長而造成食品汙染之區域。

4.7 廠區周界應有適當防範外來汙染源侵入之設計。

5. 廠房及設施

5.1 廠房配置與空間

5.1.1 廠房應依作業流程需要及衛生要求，有序而整齊的配置。

5.1.2 廠房應具有足夠空間，以利設備安置、衛生作業、物料儲存，以確保食品汁安全衛生。

5.1.3 製造作業場所（包括原料處理場、調理場、加工場及包裝室）內設備間或設備與牆壁之間，應有適當之通道或工作空間，其寬度應足以容許工作人員完成工作（包括清洗與消毒），且布置因衣服或身體之接觸而汙染食品、食品接觸面或內包裝材料。

5.1.4 試驗室應有足夠空間，以安置試驗台、儀器設備等，並進行物理、化學、官能及（或）微生物等試驗工作。植菌場所應適當的和其他場所隔離。如有設置病原菌操作場所應嚴格加以隔間。

5.2 廠房區隔：

凡使用性質不同之場所，應個別設置或加以有效隔離。個離可以下列一種或一種以上方式予以達成：場所隔離、時間隔離、空氣流向、密閉系統或其他有效方法。

5.3 廠房結構：

廠房支各項建築物應堅固耐用、易於維修、維持乾淨，並應為能防止食品、食品接觸面及內

5.4 地面與排水

5.4.1 地面宜用無毒、非吸收性、不透水之建材構築，並平坦不滑、無裂縫，易清洗消毒。

5.4.2 調理或（即）加工及包裝等場所地面除需符合5.4.1節之規定外，並應作刷（磨）平或鋪蓋耐磨樹脂等處理，如原料處理、調理、加工等場所於作業中有液體流至地面或以沖洗方式清洗之地區，應有適當之排水斜度（應在1/100以上）及排水系統。

5.4.3 廢水應排至適當之廢水處理系統或經由其他適當方式予以處理。

5.4.4 排水系統應有防止固體廢棄物流入之裝置。

5.4.5 排水溝內不得配有其他管路。排水溝之側面和底面接合處應有適當之弧度（曲率半徑應在3公分以上）。

5.4.6 排水出口應有防止有害動物侵入之裝置。

5.5 屋頂及天花板：

5.5.1 製造、包裝、儲存等場所室內屋頂應易清洗，可防止灰塵儲積，避免結露、長黴或成片剝落等情形發生。調理加工場及其他食品暴露場所（原料處理場除外）屋頂若為力霸結構等易藏汙納垢者，應加設平滑易清掃之天花板。若為鋼筋混泥土構築者，以屋樑不在室內之平頂式為原則，否則樑與樑及樑與屋頂接合處宜有適當弧度並有效排除蒸汽或裝設天花板。

5.5.2 平頂式屋頂或天花板應使用白色或淺色防水材料構築，若噴漆應使用可防霉、不易剝落且易清洗者。

5.5.3 蒸汽、水、電氣等配管不得設於食品暴露之直接上空，除非能防止塵埃、凝結水等造成汙染。空調風管等宜設於天花板之上方。

5.5.4 樓梯、橫越生產線的跨道之設計構築，應避免引起附近食品、食品接觸表面遭受汙染，並應有安全設施。

5.6 牆壁與門窗：

5.6.1 調理加工場所及包裝室之壁材應採用無毒、非吸收性、平滑、易清洗、不透水之淺色材料構築（但密閉式醱酵桶等，本質上可在室外工作之場所不在此限）。必要時牆腳及柱腳（必要時牆壁間抑或牆壁與天花板間）應具適當之弧度（曲率半徑應在3公分以下）以利清洗消毒。

5.6.2 窗戶開口處應裝設易拆下清洗之不生銹紗網，應不積垢且保持良好維修，調理加工場所及內包裝室之室內若有窗台應有適當斜度，其台面與水平面形成45°以上角度，以防放置物、減少積垢、並利於清洗。

5.6.3 調理加工場所及包裝室對外通道之門扉應以平滑、易清洗、不透之堅固材料製作，並經常保持關閉，必要時，得裝設自動關閉之紗門或空氣簾，抑或（及）清洗消毒鞋底設備（需保持乾燥之場所的入口宜設置換鞋設備）。

5.7照明設施：

5.7.1 廠內各處應裝設適當的採光或（和）照明設施，照明設備以不安裝在食品加工線上有食品暴露之直接上空為原則，否則應使用安全型照明設施，以防破裂時汙染食品。

5.7.2 一般性作業區域之作業台面應保持110燭光以上，加工、調理或包裝之作業應保持220燭光以上，檢查作業台面則應保持540燭光以上之光度，而所使用光源不致於改變食品之顏色。

5.8通風設施：

5.8.1 食品調理、加工、包裝等場所應保持通風良好，必要時，可裝設有效之換氣設施，以防室內溫度過高、蒸汽凝結，並保持室內空氣新鮮。

5.8.2 在有臭味及氣體（包括蒸汽及有毒氣體）或粉塵產生而有可能汙染食品之處，應有適當之排氣或控制裝置。

5.8.3 排氣口應裝社防止有害動物侵入裝置，而進器口應有空氣過濾設備。兩者並應易於拆下清洗或換新。

5.8.4 廠房內排氣或使用風扇時，其空氣流向應加以控制由較清潔區域流向汙染區域，以防止食品、食品接觸面及內包裝可能遭受汙染。

5.9供水設施：

5.9.1 應能提供工廠各部所需之充足水量，適當壓力及水質。要有儲水設備及提供適當溫度之熱水。

5.9.2 儲水槽（塔、池）應以無毒，不致汙染水質之材料構築，並應有防護汙染之措施。

5.9.3 非使用自來水者，應設淨水或消毒設備。

5.9.4 不與食品接觸之非飲用水（及排放廢、汙水）之管路系統與食品製造用水之管路系統間，應以明顯顏色區分，以完全分離之管線輸送，並不得有逆流或相互交接現象。

5.9.5 地下水源應與汙染源（化糞池、廢棄物堆積場所等）保持20公尺以上距離，以防汙染。

5.10 洗手消毒設施：

5.10.1 應在適當且方便之地點（如在廁所及調理、加工場等）設置足夠數目之洗手及乾手設備。必要時，應提供適當溫度之溫水，或熱水及冷水並裝設可調節冷熱水流之水龍頭。

5.10.2 在洗手設備附近應備有洗手精。必要時（如汙染可能引起公共衛生危害等），應有手部之消毒設備。

5.10.3 淨手台應以不鏽鋼或瓷材等不透水材料構築，其設計和溝造應不易納垢、移於清洗、消毒。

5.10.4 乾手設備應採用烘手器或紙巾。使用後之紙巾應丟物易保持清潔的垃圾桶內。

5.10.5 水龍頭開關應採用腳踏式、肘動式或電眼式等，以防止已清洗或消毒之手部再度遭受汙染者。

5.10.6 洗手設施之排水，應具有防止逆流、有害動物侵入、臭味產生之裝置。

5.11 倉庫：

5.11.1 倉庫之構造應能使儲存保管中的原料、半成品、成品的品質劣化減至最小程度，並有防止汙染之構造，且應以無毒、堅固的材料構築，其大小應足供作業之順暢進行並易於維持整潔，並應有防止有害動物侵入之裝置。

5.11.2 原材料倉庫及成品倉庫應隔離或分別設置，同一倉庫儲存性質不同物品時，亦應適當隔離。

5.11.3 應有把之原料、半成品、內包裝材料或成品依性質不同分開保管的場所，必要時應設設有冷（凍）藏庫。

5.11.4 倉庫應設置數量足夠之棧板，使儲藏物品距離牆壁、地面均在5公分以上，以利空氣流通及物品搬運。

5.11.5 用於儲存或存放微生物易生長食品之冷（凍）藏庫，應裝設可正確指示庫內溫度之指示溫度計、溫度測定器或溫度計記錄儀，並應裝設自動控制器或可警示溫度異常變動自動警報器。

5.12 更衣室：

5.12.1 應設於調理加工或包裝場所附近適當而方便之地點，並獨立隔間，男女更衣室應分開。室內應有適當的照明，通風良好。

5.12.2 應有足夠大小，以便於員工更衣之用，並應備有可照全身更衣鏡、潔塵設備及數量足夠之儲物櫃。

5.13 廁所：

5.13.1 應設於適當而方便之地點，其數量應足供員工使用。

5.13.2 應採用沖水式，並採不透水、易清潔、不積垢且其表面可進行消毒之材料構築，以便經常保持清潔。

5.13.3 廁所內之洗手消毒設備，應符合本規範第5.10節之規定，且宜設在出口附近。

5.13.4 廁所之門應能自動關閉，不得鄭門開向食品處理區，但如有緩衝設施和有效控制空氣流向能防止汙染者不在此限（但能應能自動關閉）。

5.13.5 廁所應排氣良好並有適當之照明。

6. 機器設備

6.1 設計：

6.1.1 所有食品加工機器設備之設計和構造應能防止危害衛生且易於（盡可能易於拆除）清洗、消毒，並容易檢查。應有使用時可避免潤滑油、金屬碎屑、汙水或其他可能引起汙染之物質混入食品之措施。

6.1.2 食品接觸面應平滑、無凹陷或裂縫，以減少食品碎屑、汙垢及有機物之聚積，使微生物之生長減至最低程度。

6.1.3 設計應簡單，且為易排水、易於保持乾燥之構造。

6.1.4 儲存、運送及製造系統（包括重力、氣動、密閉及自動系統）之設計與製造，應使期能維持適當之衛生狀況。

6.1.5 在食品製造或處理區，不與食品接觸之設備與用具，其構造應能易於保持清潔狀態。

6.2 材質：

6.2.1 所有用於食品處理區極可能接觸食品之設備與用具，應由不會產生毒素、臭味或異味、非吸收性、耐腐蝕且可承受重複清洗和消毒之材料製造，同時應避免使用會發生接觸腐蝕的不同材料。

6.2.2 原則上不可使用木質材料，除非其不會成為汙染來源之情況下方可使用。

6.3 生產設備：

6.3.1 排列應有秩序，使生產作業順暢進行並避免引起交叉汙染，而各個設備之能力務能互相配合。

6.3.2 用於測定、控制或記錄之測量器或記錄儀，應能適當發揮其功能且須準確。

6.3.3 以機器導入食品或用於清潔食品接觸面或設備之壓縮空氣或其他氣體，應予適當處理，以防止造成間接汙染。

6.4 品管設備：

工廠應具有足夠之檢驗設施例行之品管檢驗及審核原料、半成品及成品之衛生品質之需。必要時，可委託據公信力之研究或檢驗積垢代為檢驗本身無法檢測之項目。

7. 組織與人事

7.1 組織與職掌：

7.1.1 品質管制部門應獨立於生產部門，並應有充分之權限，，以執行其職責，其主管應有停止生產或出貨之權限。

7.1.2 工廠應設食品衛生管理人員，掌管廠內外環境、廠房及設施衛生、人員衛生、製造、清洗等作業衛生及員工衛生訓練等事項。

7.1.3 工廠品管部門應設置食品衛生檢驗人員，負責食品衛生品質檢驗工作。

7.1.4 工廠各部門應設負責人，以督導或執行其所負之任務。

7.2 人員與資格

7.2.1 食品衛生管理人員，應為專科以上食品有關科系（或同等學歷）畢業，經政府認可之專業（食品衛生管理檢驗訓練班）訓練合格，具備有該行業之環境衛生、廠房設施衛生、機器設備衛生、人員衛生管理之充分而適當的學識、經驗，以執行衛生管理職務。

7.2.2 食品衛生檢驗人員應為高中（職）以上畢業，惟以大專相關科系畢業為宜，經政府認可之專業（食品衛生檢驗訓練班）訓練合格。

7.2.3 負責品管管制的人員應具有檢出、鑑別各工程、製品中不良狀況發生之能力，並能勝任愉快。

7.2.4 生產管理人員應具適當的加工技術、經驗與衛生觀念。

7.2.5 各類專業技術人員即資格應符合「食品工廠建築及設備之設置標準」之有關規定。

7.3 教育與訓練：

7.3.1 工廠應訂定訓練計畫，派遣工廠人員參加各種在職訓練，以增加其學識（或）技能。

7.3.2 對從事食品製造員工應定期舉辦（可在廠內）人員並作成記錄衛生及食品處理衛生有關訓練。

8. 衛生管理

8.1 衛生管理標準制定與執行：

8.1.1 工廠應制定「衛生管理標準書」，以作為衛生管理及評核之依據，其內容應包括本章各節之規定。

8.1.2 應制定衛生檢查計畫，規定檢查時間及項目，確實執行並作成記錄。

8.2 環境衛生管理：

8.2.1 鄰近道路及廠內道路、庭院，應隨時保持清潔。廠區內地面應保持良好維修、無破損、不積水、不起塵埃。

8.2.2 廠區內草木要定期修剪，不必要之器材、物品禁止堆積，以防止有害動物滋生。

8.2.3 廠房、廠房之固定物及其他設施應保持良好的衛生狀況，並作適當之維護，以保護食品免於汙染。

8.2.4 排水溝應隨時保持通暢，不得有淤泥蓄積，廢棄物需做妥善處理。

8.2.5 避免有害（毒）氣體、廢水、廢棄物、噪音等產生，以致形成公害問題。

8.2.7 廢棄物放置場所不得有不良氣味或有害（毒）氣體溢出，應防有害動物之滋生及防止食品、食品接觸面、水源及地面遭受汙染。

8.3 廠房設施衛生管理：

8.3.1 廠房內各項設施應隨時保持清潔及良好維修，廠房屋頂、天花板及牆壁有破損時，應立即加以修補。地面不得有破損或積水。

8.3.2 原料處理場、調理、加工場、廁所等，開工時應每天（包括地面、水溝、牆壁）清洗，必要時予以消毒。

8.3.3 作業中產生之蒸汽，不得讓其長時間滯留廠內，應以有效設施導至廠外。

8.3.4 燈具、配管等外表，應定期清掃或清潔。工作人員應隨時整理自己工作環境，保持不亂而整潔。

8.3.5 冷（凍）藏庫內應經常整理、整頓、保持清潔，並避免地面積水、壁面長黴等影響儲存食品衛生之情況發生。

8.3.6 廠房內若發現有害動物存在時，應追查來源、杜絕其來源，但其撲滅方法以不致汙染食品、食品麵及內包裝為原則（儘量避免使用殺蟲劑等）。

8.3.7 原料處理場、調理、加工、包裝、儲存食品場所內，應設有集存廢棄物之不透水、易清洗、消毒（用畢即廢棄者不在此限）、可密蓋（封）之容器，並定時搬離廠房。若有大量廢棄物產生時，應以輸送設施隨時迅速送至廠房外集存處理，必須迅速搬離廠外，以防有害動物滋生及水源、地面等遭受汙染。

8.3.8 廠房內不得堆置非即將使用的原料、內包裝材料或其他不必要物品。

8.3.9 清掃、清洗和消毒用機具應有專用場所妥善保管。

8.3.10 食品處理區內不得放置、儲存有毒物質。

8.3.11 若有儲水槽（塔、池），應定期清洗並每天（開工時）檢查加氯消毒情形。使用非自來水者，每年至少應送請主管機關檢查一次，以確保其符合飲用水水質標準（鍋爐用水、冷凍、蒸發等冷卻用水，或洗地、澆花、消防等用水除外）。

8.4 機器設備衛生管理：

8.4.1 用於製造、包裝、儲運之設備及器具，應定期清洗、消毒。

8.4.2 用具及設備之清洗與消毒作業，應不致汙染食品、食品接觸面及內包裝材料。

8.4.3 所有食品接觸面，包括用具及設備與食品接觸表面，應儘可能時常予以消毒，消毒後要徹底清洗，以保護食品，免遭消毒劑之汙染。

8.4.4 收工後，使用過之設備和用具，皆應清洗乾淨，若經消毒過，在開始工作前應再予以清洗（和乾食品接觸者除外）。

8.4.5 已清洗與消毒過之可移動設備和用具，應放在能防止其食品接觸面再受汙染之適當場所，並保持適用狀態。

8.4.6 與食品接觸之設備及用具之清洗用水，應符合飲用水水質標準。

8.4.7 用於食品製造之機器設備或場所不得工作其他與食品製造無關之用途。

8.5 人員衛生管理：

8.5.1 手部應保持清潔，工作前應用清潔劑洗淨。凡與食品直接接觸的工作人員不得蓄留指甲、塗指甲及配戴飾物。

8.5.2 若以雙手直接調理不再經加熱即行食用之食品時，應穿戴消毒清潔之不透水手套，或將手部徹底洗淨消毒。戴手套前，雙手仍應清洗乾淨。

8.5.3 作業人員應穿戴整潔之工作衣帽，以防頭髮、頭皮屑及外來雜物落入食品、食品接觸面或內包裝材料中，必要時需戴口罩。

8.5.4 工作中不得有抽菸、嚼檳榔或口香糖、飲食及其他可能汙染食品之行為。不得使汗水、唾液或塗抹於肌膚上之化粧品或藥物等汙染食品、食品接觸表面或內包裝材料。

8.5.5 員工如患有出疹、膿瘡、外傷（染毒外傷）、結核病等可能造成食品汙染之疾病者，不得從事與食品接觸之工作。員工每年至少應接受一次身體檢查。

8.5.6 應依標示所示步驟，正確的洗手或（和）消毒。

8.5.7 個人衣物應儲存於更衣室，不得帶入食品處理或設備、用具洗滌之地區。

8.5.8 工作前（包括調換工作）、如廁後（廁所應張貼「如廁後應洗手」之警語標示），或手部受汙染時，應清洗手部，必要時予以消毒。

8.5.9 訪客之出入應適當管理。若要進入食品暴露場所時，必要時予以消毒。

8.5.10 在適當地點應設有急救器材和設備。

8.6 清潔和消毒用品之管理：

8.6.1 用於清洗及消毒之藥劑映證實在使用狀態下安全而適用。

8.6.2 食品工廠內，除維護衛生及試驗室檢驗上所需使用之有毒藥劑外，不得存放之。

8.6.3 清潔劑、消毒劑及危險藥劑應予明確標明並表示其毒性和使用方法，存放於固定場所且上鎖，以免汙染食品，其存放與使用應由專人負責。

8.6.4 殺蟲劑之使用，應採取嚴格預防措施及限制，以防止汙染食品、食品接觸面或內包裝材料。其使用應由明瞭其對人體可能造成危害（包括萬一有殘留於食品時）的衛生管理人員（或其監督）下進行。

9. 製程管理

9.1 製程管制標準制定與執行：

9.1.1 工廠應制定「製造作業準則」，由生產部門主辦，同時須徵得品管部門認可。

9.1.2 製造作業應排除有汙染食品之虞的操作。製造作業準則應詳述配方、各製造過程作業程序、完成該過程中特別應注意事項，使只要遵照該準則進行即可製出目標產品。

9.1.3 應教育、訓練員工依製造作業準則執行作業，並應符合衛生品質管制之要求。

9.2 原料處理：

9.2.1 不可使用主原料或配料含有在正常處理過程中未能將其微生物、有毒成分（例如樹薯中之氰成分）等去除至可接受水準者。半成品來自廠內外當作原料使用時，其原料、製造環境及製造過程等仍應符合有關良好作業規範所要求之衛生條件。

9.2.2 原料使用前應加以目視檢查，必要時加以選別，去除具缺點者及外來雜物。

9.2.3 生鮮原料，必要時，應予清洗，其用水需符合飲用水標準。用水若再循環使用時，應適當消毒，必要時，加以過濾，以免造成原料之二次汙染。

9.2.4 食品不再經加熱處理即可食用者，應嚴格防範微生物再汙染。

9.2.5 合格之原料與不合格者，應分別儲放，並做明確標示。

9.2.6 原料之保管應能使其免遭汙染、損壞，並減低品質劣化於最低程度，而凍藏者應保持在-18℃以下，冷藏者在7℃以下。

9.2.7 冷凍原料解凍時，應能防止劣化之條件下進行。

9.3 製造作業：

9.3.1 所有食品製造業（包括包裝與儲存），應符合安全衛生原則並應快速而盡可能減低微生物之可能生長及食品汙染之情況和管制下進行。達成此項要求途徑之一為小心控制物理因子，如時間、溫度、水活性、pH、壓力、流速等，及製造作業，如冷凍、脫水、熱處理、酸化及冷藏等，以確保不致因機械故障、時間延滯、溫度變化及其他因素使食品腐敗或遭受汙染。

9.3.2 易滋生有害微生物（特別是有礙公共衛生微生物）之食品，應在足以防止其劣化情形下存放。本項要求可由下列有效方法達成之：

9.3.2.1 冷藏食品保持在7℃以下。

9.3.2.2 冷凍食品應保持適當的凍結狀態，成品應保持在-18℃以下。

9.3.2.3 熱的食品保持在60℃以上。

9.3.2.4 酸性或酸化食品若在密閉容器中作室溫保持時，應適當的加熱以消滅中溫細菌。

9.3.3 用於消滅或防止有害微生物（特別是有礙公共衛生微生物）之方法，如殺菌、照射、低溫消毒、冷凍、冷藏、控制pH或水活性等，應適當且足以防止食品在製造處理及儲運情形中劣化。

9.3.4 應採取有效方法，以防止加工中或儲存中食品被原料或廢棄物等汙染。

9.3.5 用於輸送、裝載或儲存原料、半成品之設備、容器及用具，其操作、使用與維護，應使製造或儲存中之食物不致受汙染。與原料或汙染物接觸過的設備、容器及用具，除非經徹底的清洗和消毒，否則不可用於處理食品成品。盛裝加工中食品容器不可直接放在地上，以防濺水汙染或經由器具底外汙染所引起之間接汙染。

9.3.6 加工中直接與食品接觸之冰塊，其用水應符合飲用水水質標準，並在衛生條件下製成者。

9.3.7 應採取有效措施以防止金屬或外來雜物混入食品中。本項要求可以：篩網、捕集器、磁鐵、電子金屬檢查器或其他有效方法達成之。

9.3.8 需作殺菁處理者，應嚴格控制殺菁溫度（尤其是進出口部位之溫度）和時間並快速冷卻，迅速移至下一個工程，同時定期清洗該設施，以防耐熱性細菌之生長與汙染，使其汙染降至最低限度。已殺菁食品在裝填前若需冷卻，其冷卻水應符合飲用水水質標準。

9.3.9 依賴控制水活性來防止有害微生物生長之食品，如即溶湯粉、堅果、辦乾性食品及脫水食品等，應加工處理至安全水分基準並保持之。本項要求得以下列有效方法達成之：

9.3.9.1 調整其水活性。

9.3.9.2 控制成品中可溶性固形物與水之比例。

9.3.9.3 使用防水包裝或其他方式，防止成品吸收水分，使水活性不致提高至不安全水準。

9.3.10 依賴控制pH來防止有害微生物生長之食品，如酸性或酸化食品等，應調節並維持在pH4.6以下。本項要求得以下列一種或一種以上有效方法達成之：

9.3.10.1 調整原料、半成品之pH。

9.3.10.2 控制加入低酸性食品中酸性或酸化食品之量。

9.3.11 內包裝材料應選用在正常儲運、銷售過程中可適當保護食品，不致於有害物質移入食品並符合衛生標準者。使用過者不得不再用，但玻璃瓶等（如用於包裝及食餐食用之不鏽鋼容器）不在此限，惟再使用前應徹底清洗消毒、再洗淨和檢查。

10. 品質管制

10.1 品質管制標準制定與執行：

10.1.1 工廠應制定「品質管制標準書」，由品管部門主辦，經生產部門認可後確實遵循，以確保生產之食品適合食用。其內容應包括本規範10.2.1、10.3.1、10.4.1各節之規定。

10.1.2 檢查所用之方法如係採用經修改過之簡便方法時，應定期與標準法核對。

10.1.3 定期檢查校正用於測定控制或記錄之測量器或記錄儀。

10.1.4 品質管制記錄應以適當的統計方法處理。

10.2 原材料之品質管制：

10.2.1 品質管制標準書應詳訂原料及內包裝材料品質規格、驗收標準及抽樣程序（樣品容器應予適當標識）及檢驗方法等作業程序，並確實施行。

10.2.2 每批原料及包裝需經品管檢查合格後，方可進場使用，但得以供應商之證明或保證代之。

10.2.3 原料可能含有農藥、重金屬或黃麴毒素等時，應確認其含量符合有關單位之規定後方可使用。本項要求是否符合，得由供應商提供之證明或保證，或由檢驗證明之。

10.2.4 食品添加物應設專櫃儲放，由專人負責管理，注意領料正確沒有效期限等，並以專冊登錄使用之種類衛生單位合格字號、進貨量及使用量。其使用應符合「食品添加物使用範圍及用量標準」之規定。

10.3 加工中之品質管制：

10.3.1 應找出加工中安全、衛生之重要管制點，並需訂出管制項目、檢查標準（方法）、取樣及檢查頻度等，且規定在「品質管制標準書」內。

10.3.2 製造中之檢驗結果，發現異常現象時，應迅速追查原因加以矯正。

10.4 成品之品質管制：

10.4.1 品質管制標準書中，應規定成品之規格，檢查項目、檢驗方法，並定期檢查每批成品是否符合規定。

10.4.2 每批成品應留樣保存，必要時，應作成品保存性試驗（如罐頭保溫試驗），以檢測其保存性。

10.4.3 每批成品入倉前，應有檢查紀錄，不合格者，應加以適當處理。

11. 倉儲與運輸管理

11.1 儲運與衛生管制：

11.1.1 儲運方式及環境應避免日光直射、雨淋、激烈的溫度、濕度變動和撞擊等，以防止食物之成分、含量、品質及純度受到不良之影響，而能將食品品質劣化保持在最低情形下。

11.1.2 倉庫應經常予以整理、整頓，儲存物品不得直接放置地面。如需低溫儲運者，應有低溫儲運設備。

11.1.3 倉儲中之物品應定期查看，如有異狀應及早處理，並應有溫度（必要時濕度）記錄。包裝破壞或經長時間儲存品質有較大劣化之虞者，應重新檢查，確保食品未受汙染，品質未劣化至不可接受水準。

11.1.4 倉庫出貨順序，宜遵行先進先出之原則。

11.1.5 有造成汙染原料、半成品或成品之虞的物品禁止與原料、半成品或成品一起儲運。

11.1.6 進貨用之容器、車輛應檢查，以免造成原料或廠區之汙染。

11.1.7 成品應經嚴格之衛生品質檢查，確實符合安全、衛生之標準後方可出貨。

11.2 倉儲及運輸記錄：

物品之倉儲應有存量紀錄，成品出場應作成出貨記錄，內容應包括批號、出貨時間、地點、對象、數量等，以便發現問題時，可迅速回收。

12. 標示

12.1 應符合「食品衛生管理法」之規定。

12.2 產品應以名碼或暗碼表示生產批號。

12.3 產品應標示消費者服務專線電話號碼。

13. 顧客抱怨處理與成品回收

13.1 顧客抱怨處理：

對顧客提出之書面或口頭抱怨，品質管制負責人（必要時，協調其他有關部門）應即追查原因，予以改善，同時由公司派人向提出抱怨之顧客說明原委。

13.2 成品回收：

工廠應建立能迅速收回出廠成品之「成品回收系統」。

13.3 顧客抱怨處理與成品回收記錄：

顧客提出之書面或口頭抱怨及回收成品均應作成記錄，並註明產品名稱、批號、數量、理由、處理日期及最終處置方式。該記錄宜定期統計檢討分送有關部門改進參考。

14. 記錄處理

14.1 記錄：

14.1.1 衛生管理人員除記錄定期檢查結果外應填報衛生管理日誌，內容包括當日執行的清洗、消毒工作和人員之衛生。

14.1.2 品管部門在原料、加工及成品所實施品管結果應詳加記錄，並和鎖定目標值做比較、檢討，詳記異常發生時所採取矯正措施。

14.1.3 生產部門應填報製造記錄，內容包括製造時間、人員、用料、成品及異常事件發生之時、地、內容和所採取之矯正措施。

14.1.4 不可使用易於擦掉文具填寫，並採簽名方式，修改時，應保持可視原文，並附加修改人簽名。

14.2 記錄核對：

所有製造和品管紀錄應分別由製造和品管部門審核，以確定所有成品符合規定，如發現異常現象時，應加以處理。

14.3 記錄保存：

工廠對於本規範所規定有關之記錄（包括出貨記錄）至少應保存至該批成品之有效期限後一個月。

15. 附則

本規範自公布日實施，所採用之相關法令及其規定，如有修正時應照修正後之法令及其規定。

附錄二

國際標準品質保證制度實施辦法

79.11.30.經（79）商檢058651號令公布

80.10.31.經（80）商檢058647號令修正

第一條　為推動國際標準組織（The International Organization for Standardization，簡稱ISO）所制定之ISO 9000系列品質管理與品質保證標準（即中國國家標準之CNS 12680系列），以促使我國品保制度國際化，提升我國品質保證水準，確保產品品質，並其達成國際間之相互認證，特定本辦法。

第二條　本辦法暫以國內製造業工廠為認可登陸之對象。

第三條　ISO 9000系列品質管理與品質保證標準包括下列各款：

一、ISO 9000（CNS 12680）品質管理與品質保證標準一選擇與使用指南。

二、ISO 9001（CNS 12681）品質系統一設計／發展、生產、安裝與售後服務之品質保證之模式。

三、ISO 9002（CNS 12682）品質系統一生產與安裝之品質保證之模式。

四、ISO 9003（CNS 12683）品質系統一最終檢驗與測驗之品質保證模式。

五、ISO 9000（CNS 12680）品質管理與品質系統要項一指導綱要。

第四條　本辦法認可登錄類別分為第一類ISO 9001（CNS 12681）品質保證制度、第二類ISO 9002（CNS 12682）品質保證制度及ISO 9003（CNS 12683）品質保證制度。申請認可登錄工廠，自行選擇類別，填具申請書並檢附有關資料，向經濟部商品檢驗局（以下簡稱商檢局）提出申請。

第五條　工廠申請認可登錄案件由商檢局依下列規定予以評鑑：

一、第一類工廠依照ISO 9001（CNS 12681）所訂之20項品質系統規定項目評鑑。

二、第二類工廠依照ISO 9002（CNS 12682）所訂之18項品質系統規定項目評鑑。

三、第三類工廠依照ISO 9003（CNS 12683）所訂之12項品質系統規定項目評鑑。

前項各類工廠品質系統規定項目如附表。

第六條　工廠申請認可登陸經評鑑結果符合標準者，商檢局按其申請之類別及產品准其認可登錄，並發給認可登錄證明書。

第六條之一　取得認可登錄之工廠，其認可登錄證明書所載事項如有變更，應檢附有關文件，向商檢局申請換發新證明書。

商檢局對其前項申請內容，必要時得依本辦法第五條之規定實施評鑑。評鑑結果符合標準者，准予換證。未符合標準者，本辦法第七條及第十五條第一項規定辦理。

認可登錄證明書如有遺失或滅失時得申請補發。

經商檢局撤銷認可登錄之工廠，其認可登錄證明書，自核定撤銷日起十五日內應由原認可登錄工廠向商檢局繳銷之。逾期不繳銷者商檢局應公告註銷之。

認可登錄證明書有效期限為三年，其換發方是由商檢局另訂之。

未依本辦法規定取得認可登錄證明書而逕行冒用或偽造者，移送司法機關辦理。

第七條　經評鑑未認可之工廠，得於核定起二個月內申請複評一次。

第八條　經評鑑登錄認可之工廠，即列入追查範圍，由商檢局不定期追查。

第九條　追查作業依本辦法第五條各類品保制度品質系統規定項目考評。

第十條　追查以每年二次為原則。但情況特殊者得酌予增減。

第十一條　經追查發現品質系統規定項目不符合認可登錄標準時，工廠應於一個月之內完成改善，屆期再追查一次，如仍能為改善撤銷其認可登錄。

第十二條　依國產商品品質管制實施辦法已取得品質管制等級之工廠，如依本辦法評鑑認可登錄者，原來品質管制等級即予註銷。

第十三條　取得認可登錄之工廠，其經認可登錄之產品屬經濟部公告應施檢驗品目者，准予按照下列方式依國產商品分等檢驗實施辦法之規定簡化報驗發證程序。

一、第一類比照優良分等檢驗等級。

二、第二類比照甲等分等檢驗等級。

三、第一類比照乙等分等檢驗等級。

第十四條　前條認可登錄之產品簡化報驗發證程序時，亦得享受減低檢驗費之優惠，其檢驗費率由商檢局分別擬定後報請經濟部核定之。

第十五條　經評鑑（複評）未認可之工廠，自核定日起二個月後得重新申請認可登錄。

經核定撤銷認可登錄之工廠，自核定撤銷日起四個月後得重新申請認可登錄。

第十六條　取得認可登錄之工廠，經查有虛偽不實情事者，商檢局得視情節輕重處以停止分等檢驗優惠，增加追查次數或撤銷其認可登錄。

第十六條之一　取得認可登錄之工廠停工在三十日以上時，應向當地檢驗機構（或代施檢驗機構）申報，並副知商檢局。

停工期間不得超過六個月，停工期滿未能復工者，得於期滿前申請延長一次。

停工工廠未依前兩項申報者，當地檢驗機構（或代施檢驗機構）應即以書面催告限於十五日申報，逾期為申報亦未復工者撤銷其認可登錄。

第十七條　取得認可登錄之工廠遷移廠址者，應重新申請認可登錄。

第十八條　取得認可登錄之工廠由商檢局每年出版中英文名錄一次。

第十九條　本辦法工廠評鑑及追查作業，由商檢局或其指定機構訓練合格之評審員擔任之。

第二十條　工廠登錄申請書、認可登錄標準、評鑑程序、追查程序及有關表格格式由商檢局另訂之。

第廿一條　本辦法自中華民國八十一年一月一日施行。

附錄二之附表

各類工廠品質系統規定項目

第一類ISO 9001品保制度	第二類ISO 9001品保制度	第三類ISO 9001品保制度
1.管理責任	1.管理責任	1.管理責任
2.品質系統	2.品質系統	2.品質系統
3.合約審查	3.合約審查	
4.設計管制		
5.文件管制	4.文件管制	3.文件管制
6.採購	5.採購	
7.採購者所供應產品	6.採購者所供應產品	
8.產品之鑑別與追溯	7.產品之鑑別與追溯	4.產品之鑑別
9.製程管制	8.製程管制	
10.檢驗與測試	9.檢驗與測試	5.檢驗與測試
11.檢驗、量測與試驗之設備	10.檢驗、量測與試驗之設備	6.檢驗、量測與試驗之設備
12.檢驗測試狀況	11.檢驗與測試狀況	7.檢驗與測試狀況
13不合格產品管制	12.不合格產品管制	8不合格產品之管制
14.矯正措施	13.矯正措施	
15.運搬儲存包裝交貨	14.運搬儲存包裝交貨	9.運搬儲存包裝交貨
16.品質記錄	15.品質記錄	10. 品質記錄
17.內部品質稽查	16.內部品質稽查	
18.訓練	17.訓練	11.訓練
19.售後服務		
20.統計技術	18.統計技術	12.統計技術

附錄三

申請國際標準品質保證制度認可登錄簡介

一、推行ISO品質保證制度計畫說明

（一）計畫緣起

1. ISO 9000系列之品質管理及品質保證標準指導綱要，係國際標準組織（The International organization for Standardization，簡稱ISO）於一九八七年三月所訂之品保制度之國際標準，目前各先進國家均紛紛採用此標準並訂定為其國家標準積極加以推動，使推行ISO 9000系列品質保證制度成為世界之潮流與趨勢，我國亦於七十九年將之轉訂為CNS 12680-12684中國國家標準。

2. 又近年來由於：(1)凡產品欲取得世界知名之標誌如英國BS、美國UL、澳洲AS、日本等，其對工廠品質管制度之要求標準已逐漸改採ISO 9000品質保證模式。(2)自一九九二年起歐洲單一市場實施新之「CE標誌」產品認證標準，屆時輸歐市之指定產品均應符合歐市統一品質管理標準，而歐市品質管理標準（EN 29000系列）即完ISO 9000系列品質保證制度。

3. 由前述兩項之國際趨勢可知推行ISO品質保證制度，對以出口為導向之我國經濟體制極為重要性，本局有鑑於此遂計畫導入國際標準組織（ISO）所制定之ISO 9000系列品質保證制度。經多次聘請英國標準協會（BSI）來局舉辦ISO品保制度研討會及辦理人員訓練，復經本局積極研訂制度架構及選擇工廠試評後，訂定「國際標準品質保證制度實施辦法」乙種，報奉經濟部核定，公布自民國八十年一月一日起施行。

（二）實施目標

1. 符合世界品質保證制度之發展趨勢，促使我國品質保證制度早日國際化，爭取先進國家之肯定與認同。

2. 提升我國品保水準，確保產品品質，增加國外採購商對我工廠品質保證工作之信心，裨助我產品出口，促進產品外銷。
3. 便利我國日後參與國際間商品檢驗之相互認證。

（三）ISO 9000系列品質管理與品質保證標準包括

1. ISO 9000品質管理與品質保證標準—選擇與使用指南。
2. ISO 9001品質系列—設計／開發、生產、安裝與售後服務之品質保證模式。
3. ISO 9002品質系列—生產與安裝品質保證模式。
4. ISO 9003品質系列—最終檢驗與測試之品質保證模式。
5. ISO 9004品質管理與品質系統要項—指導綱要。

（四）制度特色

1. 本局建立之品質保證制度，除符合ISO 9000系列之精神外，亦針對我國企業現況加以檢討，以免脫離現實影響新制度之建立，故除積極配合「國際化」之外，亦同時兼顧國情需要。新制度將工廠分為三類：
   (1) 符合ISO 9001品質保證模式—第一類工廠。
   (2) 符合ISO 9002品質保證模式—第二類工廠。
   (3) 符合ISO 9003品質保證模式—第三類工廠。
2. 現行部頒「國產商品品質管制實施辦法」，對於非品管品目之產品申請品管等級登記有所限制，本制度將擴大服務範圍，使各類工廠均可申請認證登錄。
3. 工廠可視本身設計過程之複雜性、設計成熟度、生產過程之複雜性、產品之特性、安全性及經濟性、自行評估後選擇較符合工廠利益之品質保證制度類別，申請認可登錄。
4. 工廠評鑑時本局將視其申請認可登錄之品質保證制度類別及工廠規模大小、製程狀況，組成三至五人之評鑑小組赴廠評鑑，必要時尚可聘請相關工業之專家會同參加，以減少人為偏差，並可經由較客觀且詳盡之評鑑，使工廠確實了解其品質系統之缺失加以改進。

5. 為激勵工廠持續推行品質保證，凡經評鑑認可登錄者本局仍將施以不定期不預先通知之追查，以監督工廠改善缺失，提升品保水準，確保產品品質。

二、工廠申請認可登錄作業說明

（一）申請先前作業

1. 向本局（或所屬各分局及代施檢驗機構）免費索取「國際標準品質保證制度認可登錄申請書」、「工廠基本資料及問卷」、「ISO 9000系列國際標準手冊」及本作業說明。
2. 工廠自行選擇欲申請認可登錄之ISO品保制度類別，建立品保制度，確實推行實施後，自行評估積效，再選擇適當時機申請認可登錄。

（二）提出申請認可登錄

1. 申請地點：工廠所在地所屬轄區檢驗分局（檢驗處）或代施檢驗機構。

   單位名稱：

   (1) 經濟部商品檢驗局：基隆分局、新竹分局、台中分局、台南分局、高雄分局、花蓮分局。

   (2) 台灣電子檢驗中心

   (3) 金屬工業發展中心工業服務處：台北服務處、台中服務處

   (4) 台灣區橡膠工業研究試驗中心
2. 申請方式：自行送件或函寄均可。
3. 申請時應繳交之文件

   (1)「國際標準品質保證制度認可登錄申請書」一份。

   (2)「工廠基本資料及問卷」一份。

   另須依照申請須知檢附下列資料：

   (1) 品質手冊（五份，其中三份工廠評鑑結束後退還工廠）

   (2) 組織系統表（一份）

   (3) 簡要工廠布置圖（一份）

   (4) 製程簡要作業流程圖（主要產品各一份）

(5) 工廠登記證影本（一份）

(6) 營利事業登記證影本（一份）

(7) 工廠地點簡單相關位置或路線圖（一份）

(8) 「申請書」與「工廠基本資料及問卷」影本（二份）

（三）申請資料初步檢查

工廠提出申請後由受理單位指定人員初步審查，審查結果若申請資料填寫不全或證件不符時，立即退還工廠補正再重新提出申請；初步審查結果符合規定者正式受理申請，並將申請案通知本局第四組登記列管及派遣工廠評鑑之主導評審員（Lead Assessor）。

三、評鑑作業說明

（一）評鑑先前作業

1. 主導評審員審查工廠品保資料，資料不足或錯誤時請工廠予以補正。
2. 主導評審員依工廠申請認可登錄之類別、製程之複雜性，必要時實地赴廠先行訪問了解工廠之狀況，已決定評鑑小組之人數及評鑑作業所需天數，並確定評鑑之範圍、標準、品質手冊版本、製程等。
3. 決定評鑑小組成員，再由主導評審員分配各評審員工廠評鑑之任務，並將工廠品保資料分送各評審員研閱。
4. 主導評審員訂定評鑑計畫並預定評鑑日期後，送請工廠參考並準備必要之配合措施。
5. 評鑑小組所有人員於赴廠評鑑前由主導評審員召集討論，各評審員並分別製作評鑑重點項目表。

（二）現場評鑑

1. 評鑑求說明會議（Opening Meeting）。評鑑小組抵達工廠後立即由主導評審原利用簡短時間，主持評鑑說明會，其內容包括：

(1) 雙方人員相互介紹。

(2) 說明評鑑之範圍及程序。

(3) 確定工廠隨行人員。

(4) 請工廠給予評鑑人員必須之協助及支援。

(5) 工廠人員簡要介紹工廠概況及品保制度實施情形。

2. 簡要巡視工廠一週（Brief Tour）

評鑑工作正式展開前，評鑑小組人員先行利用簡短時間巡視工廠一週，對工廠現場作業狀況、流程、設施安置情形，以及工作環境等取得概括性之了解。

3. 實地評鑑

(1) 主導評審員對評鑑分工予以確認，並預定評鑑結束時間，以便各評審員自行控制時間。

(2) 各評審員依分配任務負各有關部門展開現場實地評鑑作業。

(3) 評鑑採取與工廠有關人員面談、審查文件、觀察實際作業或請工廠人員實地操作等方式。

(4) 主導評審員於現場實地評鑑作業展開後，應隨時掌握各評審員工作情況，了解評鑑作業進度，必要時協調評審員相互支援或變更評審員之任務。

(5) 主導評審員應實地檢討審核工廠申請認可登錄之產品，與工廠之設備及現況是否符合。

(6) 評鑑時間需二天以上者，應於每日評鑑工作結束前舉行簡短檢討會議，檢討當天評鑑情形，必要時主導評審員可對次日之評鑑工作重新予以調整。

4. 評鑑小組內部會議

(1) 現場實地評鑑作業結束後，主導評審員應主持評鑑小組內部會議，並要求工作人員暫時迴避。

(2) 各評審員應對所分配之任務提出評鑑結果，說明觀察所得之缺失情形，並對缺點判定提出建議。

(3) 評鑑小組應在主導評審員主持下對各評審員之評鑑結果與建議予以檢討定案，並確定可予工廠認可登錄之產品。

(4) 填寫製作評鑑報告。

5. 評鑑終結會議（Closing Meeting）

評鑑作業終結前由評鑑小組與工廠代表舉行評鑑檢討會議，其內容包括：

(1) 主導評審員對評鑑結果作綜合說明，報告評鑑結果及說明缺點判定結果。

(2) 請工廠確認評鑑結果並填寫計畫採取之矯正時間，工廠於十日內將有關缺點之矯正措施（改善對策）及實施辦法情形之書面資料送本局（第四組）辦理。

(3) 工廠如對評鑑結果或缺點判定有異議時，可當場提出說明或補正相關資料，經雙方相互檢討仍無法達成共識時，工廠可於評鑑缺點報告表工廠意見欄內敘述，本項工廠意見各單位需視同申訴案件，專案予以處理後正式答覆工廠。

(4) 工廠代表於評鑑報告上簽名確認，未簽名者對評鑑結果之任何意見或申訴本局均不予處理。

（三）評鑑結果核定發布

1. 主導評審員對工廠申請認可登錄案，提出工廠評鑑總結報告，並交付各單位推行ISO品保制度工作小組初審。

2. 各單位初審後，將全案提送本局辦理複審即作最後核定。

3. 受評鑑之工廠評鑑結果雖無主要缺點，但仍有有次要缺點者，亦應於十日內將有關缺點之矯正措施及改善情形以書面通知本局，作為複審之重要資料，本項資料工廠未送本局前，複審作業將暫緩辦理。

4. 工廠評鑑結果經本局最後核定後，本局將以書面正式將核定結果通知工廠，隨文並退還工廠品質手冊三份，其中一份每頁加蓋本局戳記，以為日後追查之依據。

（四）工廠品質系統評鑑項目

工廠申請認可登錄案件依下列規定予以評鑑：

1. 第一類工廠依照ISO 9001所訂之20項品質系統規定項目評鑑。

2. 第二類工廠依照ISO 9002所訂之18項品質系統規定項目評鑑。

3. 第一類工廠依照ISO 9000所訂之12項品質系統規定項目評鑑。

前述各類工廠品質系統規定項目如附錄二之附表。

（五）工廠品質系統評鑑缺點類別

1. 主要缺點：會導致ISO品質保證制度失敗或會使ISO品質保證制度顯著降低效果或導致缺陷之缺點。

2. 次要缺點：會使ISO品質保證制度稍為降低效果或可能降低ISO品質保證制效果，或為偶發之缺點。

（六）認可登錄標準

工廠ISO品質保證制度經評鑑結果，各品質系統規定項目均無缺點者或雖有次要缺點但無主要缺點，且其ISO品質保證制度仍可正常用運作者，本局就其申請之類別及產品准其認可登錄。

四、追查作業說明

（一）範圍

經評鑑認可登錄之工廠，即納入追查範圍，不定期派員前往追查。

（二）追查項目

依評鑑作業說明（四）工廠品質系統評鑑項目考評。

第一次追查著重工廠評鑑時發現品質系統缺失，其矯正措施完成與否；後序之追查則從工廠品質系統運作項目中抽樣予以考評，考評其原品質系統缺失是否改善、或是否在以前評鑑追查時未發現之缺失、或是否因執行不力發生新的缺失。

（三）追查次數

各類別之工廠均以每年二次為原則，但情況特殊者酌予增減。

（四）追查作業方式

1. 工廠取得認可登錄後，已屆追查期限前即由轄區檢驗分局（檢驗處）或代施單位安排追查日期即追查作業之主導評審員。

2. 主導評審員預先了解工廠品保資料及目前上存在之品質系統缺失，決定所需之追查人數及追查天數。

3. 決定追查小組人員，再由主導評審員分配各評審員工廠追查之任務，並將工廠前次評鑑或追查之缺點報告送評審員研閱。
4. 主導評審員訂定追查計畫，並保留不預先將追查日期通知工廠先行準備必要配合措施之權利。
5. 追查小組抵達工廠後，由主導評審員利用簡短時間，與工廠代表相互介紹雙方人員，說明追查之目的，確定工廠隨行人員及請工廠給予諄查人員必要之協助後隨即展開追查工作。
6. 後續之實地追查、追查小組內部會議及追查終結會議，與評鑑作業說明之三（二）、三（二）4、三（二）5節相同。
7. 追查小組實地追查時，工廠應配合提供顧客抱怨及其矯正措施之詳細記錄，作為追查之重要資料。

（五）追查結果最後核定

1. 主導評審員對追查案提出總結報告，並交付各單位推行ISO品保制度工作小組初審。
2. 各單位初審後，將追查提案本局作最後核定，如工廠品質系統規定不符合認可登錄標準時，應通知工廠於一個月內完成改善，屆期再追查一次，如仍未改善則以書面通知工廠撤銷其認可登錄；追查結果仍符合認可登錄標準時不另通知工廠。

五、管理措施

（一）複評、重新申請及申訴

1. 凡經評鑑未認可之工廠，得自本局核定之日期起二個月內申請複評一次。複評作業之相關規定如下：
   (1) 複評作業由原評鑑小組人員擔任為原則。
   (2) 複評作業程序原則上與評鑑作業相同但以工廠評鑑時評定為主要缺點或次要缺點之品質系統評鑑項目為優先評核之對象。
   (3) 複評時發現原評鑑時未發現之其他缺失或新近發生之缺失，亦必須列入相關品質系統評鑑項目中加以考評。

(4) 複評作業填寫之報告與評鑑作業相同，惟於各種報告表左上方以紅色印章加蓋「複評」二字以資區別。

2. 經評鑑（複評）未認可之工廠，自核定日起二個月後得重新申請認可登錄。

3. 經核定撤銷認可登錄之工廠，自核定撤銷日起四個月後得重新申請認可登錄。

4. 工廠對申請認可登錄之過程如有異議，可向本局提出申訴，本局將專案處理後正式答覆工廠。

（二）基本資料變更

1. 品質手冊修訂：

(1)取得認可登錄之工廠品質手冊修訂時，應檢附修訂後之品質手冊三份（僅送已修訂需抽換之部分即可），直接向本局申請備查或就近向轄區檢驗分局（檢驗處），代施單位提出申請核轉本局辦理備查。

(2)工廠品質手冊修訂經本局備查核章後，檢還工廠乙份，由工廠自行於原經本局核章之品質手冊中予以抽換。

2. 工廠名稱或工廠代表人變更：

由工廠備函檢附工廠登記證及營利事業登記證影本，直接向本局申請變更或就近像轄區檢驗分局（檢驗處）、代施單位提出申請核轉本局辦理（中英文資料需同時辦理變更）。

3. 廠址門牌整編：

由工廠函檢附戶政事務所證明影本，直接向本局申請變更或就近項轄區檢驗分局（檢驗處）、代施單位提出申請核轉本局辦理變更（中英文資料需同時辦理變更）。

4. 其他基本資料變更：

追查小組負工廠追查時提供空白基本資料變更單，請工廠就變更部分之資料填寫後，隨追查報告送回本局辦理基本資料變更。

（三）增列認可登錄產品

1. 工廠取得認可登錄以後，如欲增加認可登錄之產品時，可備妥「增列產品申請函」，並檢附工廠登記影本乙份及擬增列產品之簡要作業流程圖，逕向轄區檢驗分局（檢驗處）或代施單位提出申請。
2. 各單位處理工廠申請增列產品案件作業方式：
   (1) 工廠提出申請後立即由受理單位指定人員予以初審，初審結果擬增列之產品與工廠登記證主要產品不相符者予以退件，相符者正式受理申請，並將申請案移送各單位推行ISO品保制度小組辦理。
   (2) 各單位推行ISO品保制度工作小組接辦工廠申請增列產品案件，首先審查工廠擬增列之產品與其原已獲得認可登錄產品之工業類別及製程是否類似，作為是否需派員赴廠評鑑之參考。
3. 前項審查結果不必派員赴廠辦理評鑑者，即逕行提送本局作最後核定，並以書面通知工廠准其增列。
4. 如需派員赴廠評鑑，則依追查作業說明（四）辦理（但各項品質系列規定項目均需考評）。
5. 增列產品工廠評鑑結束後，由主導評審員提出總結報告，並交付各單位推行ISO工作小組初審。
6. 各單位初審後，將增列認可登錄追查案提送本局作最後核定，並以書面正式通知工廠是否准予增列。

（四）工廠遷移廠址

取得認可登錄之工廠遷移廠址者，應重新申請認可登錄，原址之認可登錄予以註銷。

（五）復停工

1. 取得認可登錄之工廠停工在三十日以上時，應向轄區檢驗分局（檢驗處）或代施單位申報停工。
2. 停工期間不能超過六個月，停工期滿未能復工者得申請延長停工一次。

（六）違規處理

取得認可登錄之工廠，經查有虛偽不實情者，本局得視情節輕重處以停止檢驗優惠，增加追查次數或撤銷其認可登錄。

（七）優惠措施

取得認可登錄之工廠，其經認可登錄之產品屬經濟部公告為應施檢驗品目者，准予按照下列方式依國產商品分等檢驗實施辦法規定簡化報驗發證程序。

1. 第一類工廠比照優良分等檢驗等級。
2. 第二類工廠比照甲等分等檢驗等級。
3. 第三類工廠比照乙等分等檢驗等級。

前述認可登錄之產品簡化報驗發證程序時，亦得享受減低檢驗費之優惠，其檢驗費率由本局分別擬定後報請經濟部核定之。

（八）認可登錄證明書

1. 取得認可登錄之工廠，由本局發給中英文認可登錄證明書各乙份。
2. 認可登錄證明書所載事項如有變更，工廠應檢附有關文件，向本局申請換發新證明書。認可登錄說明書如有遺失或滅失時得申請補發。

（九）出版名錄

取得認可登錄之工廠由本局每年出版中英文名錄一次，提供國內外公私機構參考。

（十）評審員資格

本ISO品質保證制度工廠評鑑及追查作業，由本局或本局指定機構訓練合格之評審員擔任。

附錄四　參考文獻

1. 中華CAS優良食品發展協會（2004）http:/www.cas.org.tw
2. 中小企業的生產管理。甲斐章人著、楊鴻儒譯（1993）建宏出版社
3. 中華民國考選部全球資訊網 http://wwwc.moex.gov.tw/main/exam/wFrmExamQandASearch.aspx?menu_id=241
4. 工廠管理。蘇崇武（1988）。全華科技圖書公司。新北市。
5. 李錦楓、林志芳，（2007）餐飲安全與衛生。五南圖書出版公司。台北。
6. 李錦楓，GMP訓練班教材（2005）。
7. 衛生管理與設計——設備清洗與消毒。台灣食品GMP發展協會講習會教材。
8. 王少麟（2006），台灣箱網養殖發展海洋觀光之遊憩可行性研究，世新大學觀光學系碩士論文。
9. 行政院農業委員會 http://www.coa.gov.tw/view_pda.php?catid=4028&showtype=pda
10. 食品工業發展研究所（1992）。食品產業透析 第2卷第3期。食品工業發展研究所。新竹。
11. 食品工業發展研究所（2003）。食品工廠HACCP實務——食品工業人才培訓。食品工業發展研究所。新竹。
12. 行政院農業委員會（1995）。CAS優良食品標誌規範。食品工業發展研究所。新竹。
13. 問題分析與決策（1987）。中國生產力中心。
14. 新生產技術的魅力（2000）。聯經出版事業公司。台北。
15. Food processing：an industrial powerhouse in transition. John M. Connor. 1997. John Wiley & Sons publishing.
16. The economics and management of food processing. William Smith-Creig. 1984. AVI Pub Co.
17. 經濟部工業局、自由時報、上下游News & Market新聞市 www.newsmarket.com.tw/blog/76337
18. 台灣優良食品發展協會TQF www.tgf.org.tw

國家圖書館出版品預行編目資料

食品工廠經營與管理：理論與實務／李錦楓等著. ——二版. ——臺北市：五南，2020.07
面； 公分
ISBN 978-986-522-038-9（平裝）

1.食品工業 2.工廠管理

463 109007422

5BG2

食品工廠經營與管理——理論與實務

Principles and practices of food plant management

作　者— 李錦楓、林志芳、李明清（85.9）、顏文義
發 行 人— 楊榮川
總 經 理— 楊士清
總 編 輯— 楊秀麗
主　編— 王正華
責任編輯— 金明芬
封面設計— 王麗娟
出 版 者— 五南圖書出版股份有限公司
地　址：106台北市大安區和平東路二段339號4樓
電　話：(02)2705-5066　傳　真：(02)2706-6100
網　址：http://www.wunan.com.tw
電子郵件：wunan@wunan.com.tw
劃撥帳號：01068953
戶　名：五南圖書出版股份有限公司
法律顧問　林勝安律師事務所　林勝安律師
出版日期　2013年2月初版一刷
　　　　　2020年7月二版一刷
定　價　新臺幣420元

經典永恆・名著常在

五十週年的獻禮——經典名著文庫

五南，五十年了，半個世紀，人生旅程的一大半，走過來了。
思索著，邁向百年的未來歷程，能為知識界、文化學術界作些什麼？
在速食文化的生態下，有什麼值得讓人雋永品味的？

歷代經典・當今名著，經過時間的洗禮，千錘百鍊，流傳至今，光芒耀人；
不僅使我們能領悟前人的智慧，同時也增深加廣我們思考的深度與視野。
我們決心投入巨資，有計畫的系統梳選，成立「經典名著文庫」，
希望收入古今中外思想性的、充滿睿智與獨見的經典、名著。
這是一項理想性的、永續性的巨大出版工程。
不在意讀者的眾寡，只考慮它的學術價值，力求完整展現先哲思想的軌跡；
為知識界開啟一片智慧之窗，營造一座百花綻放的世界文明公園，
任君遨遊、取菁吸蜜、嘉惠學子！